망간각,
해저산에서 건져 올린
21세기 자원

망간각, 해저산에서 건져 올린 21세기 자원
_첨단산업소재 희토류를 품은 해양자원 개발

초판 1쇄 발행 2021년 6월 4일

지은이 문재운·박상준
펴낸이 이원중

펴낸곳 지성사 **출판등록일** 1993년 12월 9일 **등록번호** 제10-916호
주소 (03458) 서울시 은평구 진흥로68(녹번동) 정안빌딩 2층(북측)
전화 (02) 335-5494 **팩스** (02) 335-5496
홈페이지 www.jisungsa.co.kr **이메일** jisungsa@hanmail.net

ISBN 978-89-7889-467-8 (04400)
ISBN 978-89-7889-168-4 (세트)

망간각,
해저산에서 건져 올린
21세기 자원

**첨단산업소재 희토류를 품은
해양자원 개발**

문재운
박상준
지음

차례

오늘날 대부분의 광물자원은 육지의 광산을 통해 공급받고 있다. 그러나 오랜 채굴 활동으로 육지에 있는 금속자원이 점차 고갈되는 등 몇몇 요인들에 의해 생산량이 감소하고 가격이 오르게 되자, 세계 여러 나라에서 이를 해결할 수 있는 방안으로 바다 밑에 있는 광물자원에 눈을 돌리고 있다.

바다 속에서 광물을 캐낸다는 상상은 이미 1870년, 프랑스 작가 쥘 베른이 쓴 유명한 공상과학소설 『해저 2만 리』 속에 나와 있다. 이 소설은 네모 함장이 당시엔 생소했던, '노틸러스'라는 잠수함을 타고서 겪는 바다 속 탐험 이야기가 주 내용이다. 지금은 150년 전에 했던 상상이 현실이 되어 많은 나라에서 깊은 바다 밑에 있는 광물을 찾기 위해 드넓은 대양을 탐사하고, 또 발견한 광물을 바다 속에서 캐내기 위한 연구를 진행하고 있다.

우리나라는 해양 선진국들에 비해 20년이나 늦은 1990년대에 심해저 광물자원 개발에 뛰어들었다. 하지만 지난 30년 동안의 노력으로 지금은 태평양과 인도양 바다 밑에 우리나라의 '경제영토'라 할 수 있는 5개의 심해저 광구를 갖게 되었고, 보유한 심해저 광구의 전체 면적은 우리나라 남한의 면적보다 넓은 11만 5000제곱킬로미터(km^2)에 이르고 있다. 이제 우리나라는 심해저에 망간단괴, 해저열수광상, 망간각 광구를 모두 가진 세 번째 국가가 되었으며, 심해저 광물자원 개발 분야에서 선도 그룹으로 도약하였다.

이 책은 우리나라가 심해저 광물자원 개발에 뛰어든 배경에서부터 심해저 광물자원 중 하나인 망간각 개발을 위한 광구를 등록하기까지의 과정을 담고 있다. 망간각을 찾아 연구선을 타고 태평양의 깊은 바다 밑을 탐사하면서 겪은 악천후, 현장에서의 탐사장비 고장과 유실, 자

료 및 시료 획득 실패 등 지금 생각해보면 순탄치 않은 과
정들이 많이 있었지만, 이를 통해 새롭게 도전함으로써
한 단계씩 탐사 기술력을 높여왔다. 우리의 망간각 광구
보유는 지난 20년 동안 망간각 탐사 프로젝트에 참여한
수많은 연구원들의 열정과 노력이 있었기에 가능한 것이
었다.

물론 광구를 가진다고 해서 당장 광물을 캐낼 수 있는
것은 아니다. 깊은 해저에서 광물을 캐내는 '심해저 채광'
은 세계 어디에서도 아직 실현되지 않고 있다. 이를 위해
서는 앞으로 해결해야 할 기술적 문제들이 남아 있지만,
가까운 미래에 심해저 채광이 실제로 이루어져 자원 부족
문제를 해결할 수 있을 것으로 확신한다.

끝으로, 보유하고 있는 여러 자료와 사진을 제공해준
한국해양과학기술원 심해저광물자원연구센터의 연구원
여러분들께 감사를 전하며, 망간각 자원 개발의 발자취
를 돌아본 이 책을 읽고 청소년들이 심해저 탐험에 대한
꿈을 키우고, 우리도 '자원을 가진 나라'가 될 수 있다는
희망을 품는 기회가 되었으면 한다.

01

우리나라도
자원부국이
될 수 있을까?

사람들은 왜 깊은 바다의 광물에 관심을 갖게 되었을까?

우리나라는 지하자원의 부존량(賦存量)이 매우 빈약해서 대부분의 광물자원을 해외에서 수입한다고 한다. 실제로 우리나라 땅은 지질학적으로 오랜 기간에 걸쳐 만들어진 지질구조로 되어 있어 다양한 종류의 광물이 발견되지만, 석회석 등 일부 비금속 광물을 제외하고는 대부분 매장량이 매우 적어 채굴을 해서 내다 팔기에는 경제성이 낮다. 개발보다는 다양한 광물자원을 해외에서 수입해(표 1) 사용하는 편이 경제적으로 이익인

표1 우리나라의 광물 수입액 변화

구분	1988년*	1998년†	2008년†	2018년‡
금속	7680억 원	8조 8410억 원	15조 511억 원	16조 2966억 원
비금속	1987억 원	3829억 원	9400억 원	8312억 원
계	9667억 원	9조 2239억 원	15조 9911억 원	17조 1278억 원

* 자원총람 1995, 한국자원연구소
† 광산물 수급현황 1998, 2008, 한국지질자원연구원
‡ 광산물 수급분석 2018, 한국지질자원연구원

셈이다. 20세기 후반부터 급격한 경제성장을 이루어온 우리나라는 산업이 발전함에 따라 광물자원의 수요가 엄청나게 증가하였고, 수입하는 광물자원의 종류와 수량도 많아졌다.

세계적으로 광물자원은 일정 국가에 제한적으로 매장되어 있기에 자원을 둘러싼 국가 간의 갈등이 끊임없이 발생해왔다. 부존량 또한 한정되어 지속적인 채굴에 따른 감소와 고갈의 위험이 있다. 이 때문에 주요 금속 광물자원의 거의 전량을 수입에 의존하고 있는 우리나라로서는 이러한 자원수급 상황이 경제의 불안정성을 가중시키는 요인이 되고 있다.

거기에다 광업으로 야기되는 환경문제 등으로 광산 개발이 제한되어 가동할 수 있는 광산의 수는 계속해서 줄고 있다. 더구나 새로운 광산은 대개 거주 지역에서 멀리

떨어진 오지(奧地)에서 개발이 이루어지는데, 이 경우에도 광산 형성에 필요한 도로, 전기와 같은 기반 시설 비용이 늘어나게 되어 개발이 쉽지 않다. 이렇듯 광물자원의 생산 비용 증가는 세계적으로 자원 수급 문제를 불러일으켰고, 결국 국제 광물 가격이 오르면서 1990년대에 이르러 이를 해결할 수 있는 방안의 하나로 심해저에 부존하는 막대한 양의 해저 광물자원을 개발하려는 계획이 구체화되기 시작했다.

사실 심해저 광물자원의 연구와 개발은 이미 1960년대 몇몇 해양개발 선진국들이 시도하고 있던 일이었다. 하지만 넓고 깊은 바다 밑의 광물을 캐서 육지로 운송해 오기까지는 기술적인 문제 외에도 막대한 개발 비용이 들었다. 광물을 팔아서 얻는 이익보다 개발할 때 드는 비용이 더 크면 경제성이 떨어지는데, 심해저 광물의 개발 시도는 이런 이유로 1970년대 말 이후 한때 중단되기도 하였다.

그러나 심해저 광물자원에 대한 국제 사회의 관심은 사그라들지 않았다. 1982년에 유엔해양법협약❶이 채택되고, 1994년에 그 법이 실질적으로 발효되는 과정에서 여러 나라가 공해상의 심해저에 부존된 자원의 개발을 담

유엔해양법협약 ❶

1967년 유엔총회에서 몰타(Malta) 대표인 파르도(Arbid Pardo) 대사가 공해 지역의 심해저와 그곳에 부존되어 있는 자원을 인류의 공동유산으로 제안하였다. 이 제안을 바탕으로 유엔해양법협약(United Nations Convention on the Law of the Sea)이 1982년 12월 10일 채택되어 1994년 11월 16일 발효되면서 국제해양법 질서가 새롭게 정착되었다.

협약의 주된 내용은 바다에 접한 연안국에 주변 200해리 수역의 개발과 관리에 관한 주권적 권리와 배타적 관할권을 부여한 것이다. 이로써 종래의 영해(12해리)와 공해(12해리 밖)로 나누어지던 수역이 영해(12해리), 배타적경제수역(200해리), 공해(200해리 밖)로 구분되었다. 이와 함께 유엔해양법협약은 육지의 자연적 연장에 따라 200해리 밖의 해저와 하층토의 경우 최대 350해리 또는 2500m 등심선으로부터 100해리를 넘지 않는 범위까지 대륙붕을 규정하고 있으며, 연안국은 대륙붕을 탐사하고 천연자원을 개발할 수 있는 주권적 권리를 갖도록 하였다.

● 해리(nautical mile)는 바다에서 거리를 나타내는 단위로, 1해리는 1.852km에 해당한다.

당하는 국제해저기구❷를 만들었다. 그즈음에는 금속 가격도 오르고 심해저를 개발하는 기술도 발전하여, 처음 시도했을 때보다는 개발 비용이 많이 줄어들 것으로 예상

국제해저기구 ❷

공해(公海)에 부존하는 심해저 자원의 개발과 관리를 주관하는 정부 간 국제기구(International Seabed Authority, ISA)로 유엔해양법협약 제156조에 의거하여 1994년 11월에 설립되었으며, 본부는 자메이카의 킹스턴에 있다. 우리나라는 1996년 1월에 유엔해양법협약을 비준함으로써 회원국으로 가입하였고, 2020년 1월 현재 168개국이 가입해 있다.

주요 기능으로는 심해저 활동에 관련된 각종 규칙, 규정 및 절차의 채택, 등록된 광구 보유자의 의무이행 감독, 심해저 활동의 감시와 감독 그리고 탐사계획서 및 개발계획서의 심사, 승인 등이 있다.

되었다. 그러자 많은 나라에서 심해저 광물자원 개발에
다시 관심을 갖게 되었다.

깊은 바다에는
어떤 광물이 있을까?

광물자원이 있는 깊은 바다란 대략
수심 500~6000미터 해저를 뜻한다. 대표적인 심해저 광
물자원으로는 표 2에서 볼 수 있듯이 망간단괴, 망간각,
해저열수광상 등이 있다. 이러한 광물은 만들어지는 환
경이 다르고, 광물 속에 함유된 금속의 종류도 다르다.

'다금속단괴'라고도 불리는 망간단괴는 수심 4500~
5000미터의 심해 평원에 직경 1~15센티미터 크기로 펼쳐
져 있다. 단괴란 덩어리처럼 생겼다고 해서 붙여진 용어로
망간은 원소기호 Mn, 원자번호 25번인 금속 중 하나이다.
망간단괴에는 망간 외에도 니켈, 구리, 코발트 및 희토류
광물이 함유되어 있다.

망간각('고코발트 망간각'으로도 불림)은 수심 600~7000미터
에 있는 해저산의 노출된 암반 위에서 볼 수 있는 광물이
다. 도로의 아스팔트 포장처럼 암반 위를 뒤덮은 상태로

표 2 심해저 광물자원의 종류와 산출 특징

종류	망간단괴	망간각	해저열수광상
분포 지역	해저평원	해저산	해저화산 (해령, 해구)
수심	4500~5000m	600~7000m	300~3700m
함유 금속	니켈, 구리, 코발트, 망간, 희토류 금속 등	코발트, 니켈, 망간, 백금, 희토류 금속 등	구리, 아연, 납, 금, 은, 동
용도	전자, 전기, 제강, 화공, 귀금속 등 산업용 재료	전자, 전기, 제강, 화공, 귀금속 등 산업용 재료	전자, 전기, 귀금속 등 산업용 재료

분포하는데 코발트, 니켈, 망간 및 희토류 광물이 함유되어 있고, 특히 코발트의 함량이 높은 것이 특징이다.

해저열수광상은 여러 조각으로 나뉘어 있는 지각판이 서로 벌어지는 곳에서 만들어지는 바닷속 산맥인 해령과, 두 지각판이 서로 충돌하는 곳에서 만들어지는 섬들로 이루어진 호상열도(弧狀列島)의 해저화산 지대에서 형성된다. 해저열수광상이 발견되는 곳의 수심은 대략 300~3700미터이며, 구리, 아연, 납과 함께 금, 은 등을 함유하고 있다.

우리나라가 심해저 광물자원에 주목하기 시작한 때는 1982년 유엔해양법협약이 채택된 시점이었다. 하지만 심

해저 자원 개발 참여에 필요한 투자 요건[❸]을 단시일(1985
년 1월 1일까지) 내에 충족해야 하는 등 재정적 부담이 큰
데다 심해저 자원 개발 자체에 대한 불확실성 때문에 더
이상의 진척은 없었다.

그러던 중 유엔해양법 준비위원회에서 자격조건을 완
화하여 개발도상국을 대상으로 광구 등록 기한을 유엔해
양법협약의 발효 시기까지 연장하였다. 또한 우리나라도
심해저 탐사에 활용할 수 있는 해양조사선 건조를 추진하
면서 투자 요건을 충족할 수 있게 되어 1988년부터 본격
적으로 심해저 자원 개발을 추진하게 되었다.

투자 요건 [❸]

당시 광구를 등록할 수 있는 선행 투자가의 자격을 획득하기 위해서는 미화
3000만 달러 이상의 투자 실적이 있어야 하며, 이 중 10%는 탐사 활동에 투자
해야 하는 조건.

우리나라 최초의
심해저 광물자원 탐사

당시 여러 국가들이 탐사에 주력해
과학적으로 가장 많이 알려져 있던 심해저 광물자원은 망
간단괴였고, 유엔해양법 준비위원회는 유엔해양법 제3부

속서(개괄탐사, 탐사 및 개발의 기본조건)에 따라 망간단괴 광구를 등록 받고 있었다. 그때까지 우리가 가진 경험이라고는 1983년에 하와이대학교의 해양조사선인 카나케오키호(R/V Kana Keoki)를 빌려, 3주 동안 하와이에서 동남쪽으로 약 1300킬로미터 떨어진 곳에 있는 클라리온-클리퍼턴(Clarion-Clipperton: C-C)해역에서 시범 탐사를 한 것이 전부였다.

그러나 우리나라도 심해저 광물자원 개발을 1988년부터 본격적으로 착수하게 된 만큼 앞으로 이루어질 탐사에 대비하여 관련 기술을 배워 익혀야만 했다. 이를 위해 한국해양연구소(현 한국해양과학기술원)는 1989년부터 3년 동안 미국 지질조사소(USGS)와 함께 영국 해양조사선 파넬라호(R/V Farnella)를 임차하여 C-C해역의 망간단괴를 탐사하고, 서태평양 지역에 있는 마셜 제도, 미크로네시아 제도의 배타적경제수역(Exclusive Economic Zone, EEZ)의 해저산에서 망간각을 탐사하였다(그림 1). 이때 배우고 익힌 탐사 기술과 경험은, 1992년에 우리나라 최초로 종합해양조사선인 온누리호(1422톤)를 타고 대양에 나아가 심해저에 있는 광물자원을 독자적으로 탐사할 수 있는 배경이 되었다.

　미국 팀과 공동으로 탐사를 할 때 양측에서 10여 명씩 모두 20명이 참석하였다. 대양에서 광물자원 탐사를 하는 것은 오랜 시간이 걸리는 일이기에 우리 연구원들은 외국 국적의 조사선에서 주는 식사가 걱정이었다. 식단이 다 서양식이었는데, 한 달 동안 그것만 먹고 견딜 자신이 없었다. 그래서 연구선 출항지인 하와이에서 전기밥솥과 쌀, 김치, 라면을 사서 배에 실었고, 그 덕에 식사 시간마다 밥과 김치가 제공되었다. 미국 탐사 팀원들과 승조원들은 당시만 해도 익숙지 않았던 김치에 호기심을 보였다. 라면이 최고 인기 간식이 된 것도 재미있는 이야깃거리였다.

　비록 먼 바다에서 연구할 배 한 척조차 없던 시절이었지만, 우리 연구 팀은 언젠가 독자적으로 심해저 광물자원을 탐사할 날을 기대하며 각자의 미국인 동료와 함께 분야별로 탐사에 임했다. 탐사 결과뿐 아니라 그들이 하는 작업과 행동 하나하나를 놓치지 않고, 질문하고 반복하고 연습하면서 차근차근 우리의 것으로 만들어갔다(그림 2).

그림 1 조사선 파넬라(Farnella)호

그림 2 파넬라(Farnella)호 선상에서 미국 지질조사소 팀과 함께 실시 중인 안전 훈련 모습

1992년에 우리나라 해양학계에 큰 경사가 있었다. 우리나라 최초로 먼 바다에 갈 수 있는 연구선이 생긴 것이다. 태평양과 인도양 같은 먼 바다에서 실험하고 연구할 수 있는 배, 온누리호가 새롭게 취항함에 따라 마침 3년간의 공동 탐사가 끝난 우리 연구 팀은 온누리호를 이용해 심해저 망간단괴를 본격적으로 탐사하기 시작했다(그림 3). 그리고 비교적 짧은 기간인 3년 동안 매년 태평양 C-C해역에서 4차례씩 탐사를 했다. 한 번 탐사를 나가면 30여 일이 소요되었으니, 일 년에 넉 달은 태평양 위에서

그림 3 1992년에 취항한 온누리호

지낸 셈이다. 당시에는 관련 연구자들이 많지 않아서 제한된 인원의 연구원들이 번갈아가며 승선해야 했다. 그러다 보니 많은 연구원들이 일 년에 100일 이상을 외국과 선박 위에서 지내야 했다.

온누리호의 여정을 간략하게 정리하면 한국 출항 → 하와이 경유 → 탐사 → 다시 하와이 경유 → 한국 입항인데, 거의 6개월이 걸리는 여정을 준비하고 실행하느라 한 해가 어떻게 지나가는지 모를 정도로 바빴다. 미국 팀과의 공동 탐사와 달리 순수하게 우리 힘만으로 탐사를 수행해야 했기에 그 과정에서 시행착오도 많이 겪었다. 하지만 이를 하나씩 극복해가면서 우리도 외국 팀 못지않게 잘 할 수 있다는 자신감을 얻을 수 있었다. 이 탐사에 참여한 젊은 연구원들이 이제는 전부 이 분야의 최고 전문가가 되어 새로운 연구원들을 이끌고 전 세계 대양을 누비고 있다.

그 당시 우리나라는 대양 연구선도 없는 개발도상국이었으나 심해저 광구를 확보할 수 있는 절호의 기회를 놓치지 않도록 정부가 정책을 결정하고 예산을 지원했다. 또 수많은 연구자들이 밤을 새워가며 계획을 수립하고,

망망대해에 떠 있는 연구선에서 날을 보내며 기술을 하나씩 우리 것으로 만들었다.

외국과 경쟁하면서 심해저 광구를 개척할 수 있었던 것은 우리나라 사람이라면 수없이 들었을 '우리나라는 자원 빈국(貧國)'이라는 아쉬움으로부터 벗어날 기회를 가질 수 있기 때문이었다. 우리도 산업 발전의 원동력이 되는 광물자원을 자체적으로 수급하는 자원 부국(富國)이 될 수 있다는 절박한 희망 덕분에 여러 어려움을 극복할 수 있었을 것이라 생각한다.

1994년 8월 2일, 우리나라 최초의 심해저 광구가 유엔 본부 회의실에서 개최된 해양법준비위원회의 운영위원회에서 의결되었다. 이로써 우리나라는 당시 세계에서 일곱 번째로 심해저 광구를 갖게 되었고, 망간단괴를 본격적으로 개발할 수 있게 되었다.

주목할 점은 이때 심사위원 전원이 당시로서는 최첨단의 탐사 방법을 사용한 탐사 자료를 제공해준 한국정부에 감사하다는 내용을 심사 결과에 포함하도록 결의한 것이었다. 나아가 해양법사무국장은 앞으로 심해저 탐사 광구를 신청할 때에는 한국의 신청서를 모델로 작성할 것을 명시하겠다고 언급하였다. 이는 우리나라가 광구 신청에 사용한 탐사 자료와 이를 이용한 분석이 이전에 제출된 다른 국가들의 신청서에 비해 아주 획기적이었으며, 우리나라의 심해저 탐사 능력을 국제적으로 인정받았다는 뜻이다.

해양법협약이 1994년 11월 16일 발효되고 국제해저기구 체제가 생기면서 심해저 광물자원 개발이 국제적으로 큰 관심을 받게 되자, 많은 국가와 국가 기관이 광구 등록을 추진하였다. 여러 나라에서 망간단괴 개발을 위한 심해저 탐사가 활발하게 이루어지면서 역시 심해저 광물이지만 종류가 다른 해저열수광상과 망간각에 대한 관심도 높아졌다.

1997년에 민간기업으로는 최초로 호주의 노틸러스사 (Nautilus Minerals Inc.)가 파푸아뉴기니의 배타적경제수역 내에 해저열수광상 개발을 위한 광구를 신청함에 따라 세계적으로 이러한 광물자원 개발에 이목이 집중되었다. 그리고 1998년 8월에 개최된 제4차 국제해저기구 총회에서 러시아가 해저열수광상과 망간각을 개발하기 위한 새로운 광업규칙[4]을 제정할 것을 요청하였다.

광업규칙 ❶

유엔해양법협약은 공해 지역의 심해저와 그곳에 부존되어 있는 자원을 인류공동유산으로 규정하고 있다. 따라서 심해저에 부존된 광물자원을 개발하는 데 있어 과학적으로 광구의 크기를 정하고, 친환경적인 방법으로 탐사와 개발이 이루어지도록 하며, 또한 어떤 국가(또는 기관)가 광구를 독과점하는 것을 방지하기 위해 광종별로 탐사와 개발에 필요한 사항들을 규정하고 있다. 탐사규칙과 개발규칙으로 구분되며, 지금까지 3개 광종에 대한 탐사규칙이 제정되어 광구를 등록하고 있으나, 개발규칙은 국제해저기구에서 아직 논의 중에 있다.

이에 국제 사회는 본격적으로 이 같은 광물자원을 개발하는 것을 논의하기 시작하였다. 여러 해에 걸친 토의 끝에 2010년에 해저열수광상, 2012년에 망간각 개발을 위한 광업규칙이 제정되었다. 여러 나라에서 해저열수광상과 망간각 광구를 신청하였는데, 우리나라도 2012년에 해저열수광상을, 2016년에 망간각 광구를 국제해저기구에 등록하였다.

2021년 현재, 어떤 나라의 소유도 아닌 공해에 심해저 광구를 보유한 국가와 기관의 수를 살펴보면 망간단괴 광구 18개, 해저열수광상 광구 7개, 망간각 광구 5개 등이다. 유엔 가입 국가의 숫자가 대략 197개국이라는 점을 감안하면 아주 적은 수의 국가만이 공해상에서 광물자원을 개발하고 있다는 것을 알 수 있다.

서태평양 망간각
(3000km², 2016년)

북동태평양 C-C해역 망간단괴
(7.5만km², 2002년)

인도양 중앙해령 열수광상
(1만km², 2012년)

피지 EEZ 열수광상
(3000km², 2011년)

통가 EEZ 열수광상
(2.4만km², 2008년)

그림 4 우리나라가 보유한 심해저 광물자원 광구

그중에서도 우리나라는 심해저에 망간단괴, 망간각, 해저열수광상 3개의 광종(鑛種)에 대한 광구를 모두 가진 3개 국가(중국, 러시아, 한국) 중 하나이다. 이는 심해저 광물자원 개발에 있어 국제적으로도 선도 그룹에 있다는 뜻이다. 이외에도 우리나라는 남태평양의 통가와 피지의 배타적경제수역 내에 해저열수광상을 개발할 수 있는 광구를 보유하고 있다(그림 4).

만일 국제해저기구에 등록한 3곳의 심해저 광구에서 광물자원을 개발한다면 그 양은 얼마나 될까? 이곳에서 생산되는 금속의 종류를 살펴보면 망간, 코발트, 니켈, 희토류, 백금, 구리, 아연, 금, 은 등이 있는데, 특히 아연은 우리나라가 매년 수입하는 양의 최소 2퍼센트를 대신할 수 있고, 코발트는 최대 169퍼센트까지 대신할 수 있다. 곧 심해저 광물을 개발함으로써 주요 금속자원을 수입하지 않아도 되거나, 그 양을 줄일 수 있을 것으로 예상된다.

02

망간각이란?

대표적인 심해저 광물자원, 망간각

　　망간각은 망간단괴, 해저열수광상과 함께 대표적으로 알려진 심해저 광물자원이다. 망간각에서 '각(殼)'은 '껍데기'란 뜻으로 망간을 많이 함유한 물질이 마치 껍데기처럼 해저 기반암 표면에 수 센티미터 두께로 형성되어 있어 붙은 이름이다(그림 5).

　　망간각에서 추출할 수 있는 원소는 대략 30여 종으로 망간(Mn) 이외에 코발트(Co), 니켈(Ni), 백금(Pt), 구리(Cu), 납(Pb), 티타늄(Ti), 스트론튬(Sr)이 있고, 네오디뮴(Nd), 테

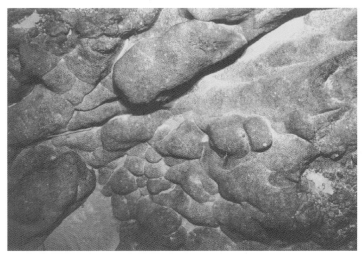

그림 5 해저의 기반암을 덮고 있는 망간각

르븀(Tb) 등 여러 종류의 희토류 원소도 포함되어 있다. 득히 코발트, 니켈, 망간 등의 광물이 나량으로 들어 있는 데, 육상의 코발트 광상과 비교할 때 상대적으로 코발트 함량이 높아 '고(高)코발트 망간각'으로도 부른다.

심해 평원에서 발견되는 망간단괴, 해저화산 지역에서 발견되는 해저열수광상과는 달리 망간각은 퇴적물이 적 고 노출된 암반 지역이 많은 해저산과 해저산맥의 정상부 그리고 비탈 부분에서 발견되는데, 검은색의 광물 덩어 리가 마치 도로를 포장한 아스팔트처럼 해저의 기반암 위를 덮고 있다. 망간각을 이루는 산화물 층의 두께는 1밀리미터 정도로 아주 얇은 것에서부터 최대 40센티미터까지 다양하며, 두께가 10센티미터가 넘는 망간각은 그다지 많지 않고 5센티미터 이하가 대부분이다.

망간각의 두께나, 망간각에 포함된 금속의 종류와 양은 발견되는 지역에 따라 다르다. 태평양에서는 서태평양에 밀집한 해저산과 해저산맥의 산화물 층이 두꺼워 망간각에 포함된 코발트와 니켈의 함량이 높은 것으로 알려져 있다. 이는 망간각의 경제적 가치를 결정하는 중요한 요소로 두께가 두꺼울수록 함유된 금속 양이 많고, 값이 비싼 코발트와 니켈의 함량도 높아지기 때문이다.

망간각은 해저화산으로부터 생성된 해저산과 해저산맥이 밀집해 있는 북서태평양에 가장 많이 분포하고 있다. 일본의 이름난 심해저 광물자원 전문가인 아키라 우수이(Akira Usui) 교수에 따르면 오래되고 안정적인 기반암이 망간각 성장의 필수 요소인데, 북태평양의 해저 지각은 가장 연대가 오래된 것이다.

망간각과 연관된 최초의 연구 기록은 1743년, 스웨덴의 과학자 에마누엘 스웨덴보리(Emanuel Swedenborg)

가 발표한 「De Ferro」라는 논문이다. 망간각 같은 철-망간 산화물의 생성 기원을 다루었고, 유기물 분해에 의한 철-망간 산화물의 생성 과정을 기술한 일부 내용은 놀랄 만한 기록으로 인정받고 있다. 그러나 당시에는 철-망간 산화물에 특별한 이름을 붙이지는 않았다.

그 후의 연구로는 근대 해양 연구의 첫 장을 연 최초의 해양탐사선 챌린저호의 탐사(Challenger Expedition, 1873~1876년)에서 찾을 수 있다. 수심 370~5000미터에서 준설기(dredge)를 이용해 심해저에 분포하는 망간단괴와 망간각(당시에는 이 둘을 구분하지 못하였음)을 채취한 것이다. 이때 처음으로 해저 광물에 철, 망간 이외에 구리, 니켈, 코발트도 많이 함유되어 있음을 발견하였다.

챌린저호 탐사 이후로는 별다른 연구가 이루어지지 않다가 2차 세계대전 뒤 심해저 광물이 어떻게 만들어졌는지, 발견되는 곳의 특징은 무엇인지, 화학적 특성은 무엇인지 등을 밝히기 위한 이론적이고 실험적인 연구가 이루어졌다. 1970년대 들어 연구자들은 망간각과 망간단괴를 구별하기 시작하였는데, 그 이유는 망간각에 포함된 코발트의 경제적 가치가 강조되었기 때문이다.

망간각에 대한 본격적인 연구는 1981년, 하와이 남쪽 라인아일랜드(Line Islands)에서 페터 할바흐(Peter Halbach) 교수를 중심으로 한 독일 탐사단이 시작하였다. 이 탐사에서 처음으로 망간각 연구를 위한 체계적인 조사가 이루어졌다. 이후 미국을 포함한 여러 국가들의 정밀한 조사가 이어지면서 망간각이 분포되어 있는 곳과 지화학적 특성들이 점차 밝혀졌다. 당시는 국제적으로 코발트 광석을 생산하는 아프리카의 자이르(현 콩고민주공화국), 잠비아 등에서 내전이 일어나거나 정세가 불안하여 코발트 광석의 시장가격이 폭등했고, 그로 인해 코발트를 함유한 해저자원에 관심이 높던 시기였다.

망간각은
어떻게 만들어질까?

망간각은 보통 다음과 같은 과정으로 만들어진다.

햇빛이 통과하는 바다의 표층에는 많은 생물이 광합성을 하면서 살고 있고, 이들의 배설물이나 죽은 생물체와 같은 유기물질들이 지속적으로 표층에서 아래로 가

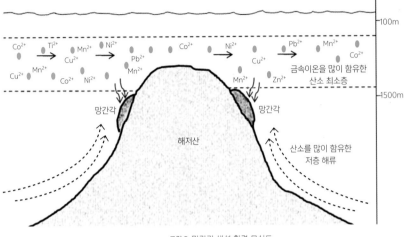

그림 6 망간각 생성 환경 모식도

라앉는다. 가라앉은 유기물질은 미생물에 의해 분해되며, 이때 바닷물 속의 산소가 소모되어 바닷물에 녹아 있는 산소 농도가 가장 낮은 수심층인 '산소 최소층'(Oxygen Minimum Zone, OMZ)이 발달한다. 산소 최소층에는 바닷물 속에 함유된 금속들이 다양한 이온 형태로 존재하고, 이 금속이온들은 해저산 비탈면을 따라 바다 밑으로부터 올라오는 산소를 많이 함유한 저층 해류와 만나 산소와 결합하여 다양한 금속화합물을 만든다. 이렇게 만들어진 금속화합물들이 해저산 비탈의 기반암 위에 침전되어 망간각을 형성하는 것이다(그림 6).

망간각이 만들어지는 데는 매우 오랜 시간이 걸리는데, 백만 년에 1.5~2.5밀리미터 정도 만들어진다고 알려져 있다.

03

망간각 속
희토류 자원

'산업 비타민'
희토류의 가치

우리가 화학 시간에 배우는 주기율표에는 인간이 발견해낸 원소들이 정리되어 있다. 드물다는 의미의 한자 '희(稀)' 자를 쓰는 희토류(稀土類) 원소는 주기율표에서도 중심에서 멀리 떨어져 있는데, 란탄족(Lanthanoids) 15개 원소에 스칸듐(Sc)과 이트륨(Y)을 더한 총 17개 원소를 이르는 금속 그룹을 뜻한다. 철이나 구리, 아연과 같이 산업에 대량으로 필요한 것은 아니지만, 첨단산업 전 영역에서 광범위하게 사용되는 원소이다. 흔히 희토류를 산업의 비타민이라 하는데, 인간에게 필요한 비타민의 양은 매우 적지만 그것이 계속 공급되지 않으면 생명에 지장이 생기는 것처럼 희토류가 없이 첨단산업은 지탱하기 어렵다.

희토류의 산업적 가치는 이미 2000년대 초부터 전문가들 사이에서 잘 알려져 왔고, 특히 2010년 일본과 중국의 센카쿠[尖閣] 열도 영토분쟁 때 중국이 특정 금속원소의 수출을 금지하면서 희토류라는 원소의 중요성이 부각되었다.

희토류는 '땅에 희귀하게 존재하는 원소'라는 용어에서 연상되는 것과는 달리 지각에 소량만 함유되어 있는 것은 아니다. 예를 들어 희토류 중 세륨(Ce)의 지각 평균 함량은 흔한 금속원소인 납(Pb)보다 3배 많다. 또한 지각 평균 함량이 가장 적은 희토류 원소인 툴륨(Tm)은 인위적으로 만들어진 프로메튬(Pm)을 제외하면 귀금속원소인 금(Au)·은(Ag)·백금(Pt)보다 지각 내 함유량이 더 높은 편이다.

일반적으로 땅에서 희토류를 분리해 상업 용도로 거래할 때는 산화희토류(Rare Earth Oxide; REO%)로 만들어 거래한다. 희토류 원소를 그 자체로 거래하지 않고 산화희토류로 만들어 거래하는 것은 산소와 결합한 희토류가 가장 안정한 물질로 편리하게 유통할 수 있기 때문이다.

희토류가 쉽게 산소와 결합하는 이유는 원자구조에 있다. 지구 구성 물질인 원자는 원자핵과 그 주위를 도는 전자로 이루어져 있다. 원자핵 주위를 도는 전자 중 가장 바깥쪽에서 도는 전자가 많지 않으면, 원자는 이들을 떼어 내면서 다른 물질로부터 전자를 받아 결합하여 안정화하려고 한다. 이때 가장 많이 결합하는 원소가 지구상에 흔하게 존재하는 산소이다. 그래서 전자를 떼어내면서 어떤 물질과 결합하는 현상을 '산소'와 결합한다고 하여 "산화한다"고 말하며, 이렇게 산소 또는 어떤 물질과 결합한 물질을 보통 '산화물'이라 한다. 희토류 원소는 원자의 가장 바깥쪽에 3개의 전자를 갖고 있어 전자를 떼어내면서 다른 물질과 결합하려는 특성이 매우 강하다. 곧 희토류는 대부분 쉽게 산화하고, 비금속과 화합물을 만드는 특징을 보인다.

희토류가 산업에서 많이 쓰이게 된 이유 중 하나는 희토류 원소가 가지는 강한 자성(磁性) 때문이다. 원소가 자성을 띠는 것은 원자에 들어 있는 전자의 배치와 움직임

덕분이다. 전선에 전류가 흐르면, 다시 말해 전선을 따라 전자가 이동하면 전선 주변에 자기장(자성)이 발생한다. 이는 원자에서 전자가 원자핵을 중심으로 움직이는 현상과 비슷하며, 이러한 전자의 운동으로 어떤 원소들은 자성을 띤다. 하지만 전자를 갖는 모든 원소가 자성을 띠는 것은 아니다. 자성을 띠는 원소와 그렇지 않은 원소는 원자 내에서 전자의 배치와 움직임과 매우 복잡하게 관련되어 있다.

원자에서 전자는 원자핵을 중심으로 일정한 질서에 따라 배치된다. 전자들이 배치되고 들어가는 방을 '오비탈'이라 부르는데, 여기에는 s, p, d, f 오비탈 등이 있다. 이 중 자성을 띠는 원소들은 주로 가장 바깥쪽에 분포하는 d, f 오비탈의 전자 배치와 밀접한 관련을 보인다. 전자는 원자핵을 돌며 움직이기도 하지만, 자체로도 자전하며 자성을 띤다. 이를 스핀(spin)이라 하고, 자전 방향에 따라 업스핀과 다운스핀으로 구분한다. 자성과 밀접한 관련을 보이는 d 오비탈에는 방이 5개 존재하는데, 각각의 방에는 전자가 두 개씩 들어갈 수 있다(파울리의 배타원리). 각 방에 전자가 한 개 있으면 자성이 생기며, 방에 전자 두

개가 쌍을 이루고 있으면 서로 스핀 방향이 달라 자성이 없어진다. 희토류의 경우 d 오비탈과 f 오비탈 방에 들어가는 전자가 한 개인 경우가 많아 한 방향의 스핀으로 자성을 띤다. 이런 성질 덕분에 희토류 원소 대부분은 영구자석, 기억소자, 열펌프 등과 같은 자기소재산업에서 필수적으로 쓰이고 있다.

하지만 첨단산업에 꼭 필요한 희토류 자원을 보유하고 생산하는 국가는 적어서, 일본과 같은 나라에서는 희토류 자원을 확보하는 것 외에도 공급 불안정성을 극복하고자 국가가 나서서 희토류를 대체할 신소재 개발을 추진하였다. 그러나 앞서 말한 바와 같이 희토류의 전자가 d 및 f 오비탈에 위치하는 복잡한 원자구조로 인해 희토류의 물성(物性)을 대체하는 신소재 개발이 쉽지 않은 상황이다.

희토류 공급원을 다양화하려면

최근 들어 희토류가 더욱 주목 받고 있는데, 그 이유는 희토류가 녹색산업에 필수적인 금속이기 때문이다. 예를 들어 선진 각국은 화력발전에서 배

출되는 이산화탄소의 양을 줄이기 위해 풍력발전, 또는 조력발전의 비율을 높이고 있다. 자동차 역시 화석연료 기반 엔진에서 전기자동차 같은 이산화탄소 배출이 없는 전기모터 기반의 산업으로 변모하고 있다. 그런데 이러한 전기자동차, 풍력·조력 발전 등에 필요한 발전 터빈, 전기모터, 배터리들의 효율을 높이기 위해서는 희토류가 꼭 필요하다. 예를 들어 풍력발전에 필요한 고효율의 터빈에는 기존에 쓰던 영구자석보다 더욱 강력한 자석이 필요한데, 이를 가능하게 해주는 것이 바로 희토류 금속이다(그림 7).

향후 전 세계 희토류 소비량은 연간 9퍼센트씩 증가할 것으로 예측된다. 유럽연합(EU)의 예상으로는 희토류 소비가 급격히 증가하여 2030년이 되면 희토류 수요가 현재의 3배가 넘을 것이라고 한다. 아쉽게도 우리나라는 희토류 대부분을 수입하고 있어 희토류 공급원을 다양화할 필요가 있다. 그 공급원을 늘리는 방법 중 하나는 희토류를 육상이 아닌 해저에서 확보하는 것이다.

해양탐사 선진국들은 해저에 부존하는 자원 중 망간각, 망간단괴, 심해저 퇴적물 등에 함유된 희토류가 자

영구자석 — 위성, 전자제품, 청정에너지

금속 소재 — 전기자동차, 철강 첨가제, 컴퓨터

촉매제 — 석유정제, 산업공해 저감, 촉매 변환기, 화학

형광재 — 디스플레이, 전구

유리, 연마제, 세라믹 — 광학 유리, 보호안경

기타 — 방사능 관측, 수처리

그림 7 희토류 사용 분야. 희토류 원소는 첨단 IT산업 및 녹색산업에 매우 중요하게 사용된다.

원으로서 잠재성이 있을 것으로 판단하고 탐사를 활발히 하고 있다. 일본의 경우 센카쿠 열도 분쟁을 계기로 일본의 배타적경제수역(EEZ) 내에서 희토류를 포함한 다양한 전략 금속자원을 개발하는 방안을 다시 연구하기 시작했다. 그동안 해저 광물자원 중 망간각에 대한 탐사와 연구는 주로 '각(殼)'에 들어 있는 니켈(Ni), 코발트(Co), 망간(Mn) 등을 추출할 목적으로 이루어졌으나, 최근에는 이 광석들에 함유된 희토류를 탐사하고 연구하는 일을 적극적으로 진행하고 있다.

현재 육상에서 개발하고 있는 희토류 광산의 함량은 0.01REO퍼센트에서 11.2REO퍼센트까지 매우 넓은 범위를 보인다. 이렇게 희토류 함량의 변화가 큰 까닭은 희토류와 함께 생산되는 금속이 달라서인데, 곧 금속의 주산물과 부산물의 가치나 광물·모암으로부터 희토류를 추출하기 위한 제·정련 비용 등이 광산별로 크게 차이가 나기 때문이다.

우리나라가 탐사 중인 망간각에 들어 있는 희토류 양은 각각 0.19REO퍼센트로 육상 희토류 광상에 비해서 비교적 낮은 함량을 보인다. 그러나 현재 생산 중인 일부 육상 희토류 광산의 최저 품위(광석 안에 들어 있는 금속의 정도) 0.01~0.20REO퍼센트와 비교하면 거의 비슷한 함량이다.

망간각에 함유된 희토류 양은 적더라도 망간각이 많이 부존한다면 희토류 자원으로서의 가치는 충분하다고 할 수 있다. 이처럼 함량은 낮지만 원소가 포함된 광석이 많이 분포해 경제성이 있는 광상을 '저품위(저함량) 대규모형 광상'이라 한다. 따라서 망간각에 함유된 희토류를 개발하기 위해서는 희토류를 함유한 망간각의 분포가 넓을수록 좋다. 이는 곧 우리나라가 보유 중인 서태평양 망간각 광구에서 망간각의 두께가 두껍고, 넓게 분포해 있는 지역을 찾는 것이 매우 중요하다는 뜻이다.

04

탐사의 시작!
망간각을 찾아
서태평양으로

본격적인
망간각 탐사에 앞서

우리나라가 심해저 탐사와 연구 능력을 축적하게 된 것은 망간단괴를 탐사하면서부터이다. 연구 팀은 다른 종류의 심해저 광물도 탐사하기 위해 그 대상을 확대하였고, 그 첫 번째가 1989년에 미국 지질조사소가 주도한 탐사에 동승하여 기술을 배운 '망간각'이었다.

망간각은 도로 위의 아스팔트처럼 깊은 바다의 암석 위에 단단히 붙어 있어 채광하려면 이를 벗겨내야 한다.

이 때문에 초기에는 개발이 어려울 것으로 생각되었으나, 해양개발 기술이 발달하면서 망간각을 채광하는 기술도 점차 발전할 것으로 기대되었다. 무엇보다 망간각이 망간단괴에 비해 상대적으로 얕은 수심대에 부존되어 있어 접근이 쉽고, 개발 비용도 낮출 수 있을 것으로 예측되었다. 그러자 미국, 독일, 일본, 러시아 등 해양개발 선진국들이 망간각을 개발하는 데 관심이 높아져 1980년대 초부터 서태평양 도서국(島嶼國)의 배타적경제수역과 인근 공해(公海) 지역에서 망간각 분포에 대한 탐사가 이루어졌다.

우리나라는 본격적인 망간각 탐사를 추진하기에 앞서 1997년부터 2년간 시범 탐사를 하며 독자적인 망간각 탐사 기술을 배양하고 탐사 능력을 검증하였다. 1997년, 망간각 탐사를 떠나는 우리 팀은 또 다른 감회에 젖었다. 앞서 1989년에 미국 지질조사소 팀과 파넬라(Farnella)호를 타고 공동 탐사를 하면서 탐사 기술을 배울 때만 하더라도 우리 힘으로 망간각을 탐사할 것이라고는 예상하지 못했다. 그로부터 10년도 채 지나지 않아 대양을 항해할 수 있는 온누리호를 타고 망간단괴와 망간각 탐사를 하게 될 것이라고는 생각도 못 했던 것이다. 그때는 망간단괴에 집중해 있었고, 망간각 탐사에 대해서는 막연히 '우리는 언제쯤 이런 탐사를 하게 될지…'라고 생각할 뿐이었다.

자신들의 연구선을 보유하고 세계의 바다 곳곳을 누비며 다양한 연구를 수행하는 미국 연구 팀이 많이 부러웠기에 1997년에 탐사에 나서는 의미는 남달랐다. 당시에도 미국 지질조사소의 제임스 하인(James Hein) 박사와 몇몇 연구원들을 초청하여 동승하였으나, 이제는 그들로부터 배운다기보다는 그동안 온누리호를 통해 배양해온 우리의 탐사 기술과 능력을 확인한다는 차원이었다.

우리나라가 망간각 탐사를 착수하게 된 시점도 시기적으로 볼 때 매우 적절했다. 그 당시 국제해저기구에서 제정한 탐사규칙은 망간단괴 개발에만 해당되었다. 망간각과 해저열수광상 같은 해저 광물은 주로 남서태평양 도서국과 연안국의 EEZ 그리고 인근 공해 지역에서 여러 나라가 연구 차원에서 탐사를 하고 있었다.

그러던 중 1997년 호주의 노틸러스사가 민간기업으로는 최초로 파푸아뉴기니 EEZ에서 해저열수광상을 개발하기 위해 광구를 신청하였는데, 이는 당시로서는 매우 화제가 되는 소식으로 〈뉴욕타임스〉를 통해 전 세계에 알려졌다. 이 일을 계기로 러시아가 그 이듬해인 1998년에 개최된 국제해저기구 총회에서, 공해에 있는 망간각과 해저열수광상을 개발하는 것에 대한 규칙을 제정할 필요가 있다고 요청함으로써 심해저 자원과 관련한 국제적인 논의가 시작되었다.

이러한 여건 변화는 우리나라가 망간단괴에 이어 망간각을 개발하기 위한 광구를 확보하는 기폭제가 되었다. 그간 망간단괴 하나만을 개발하던 우리나라는 망간각까지 개발하면서 심해저 광물자원 개발을 다원화할 수 있게 되었다. 또한 망간단괴 개발로 확보한 기술을 재활용하여 투자효율을 극대화하는 한편, 전략 금속의 공급원을 다양화함으로써 오랜 기간 안정적으로 수급할 수 있는 체제를 구축하였다. 이렇게 하면 심해저 광물을 개발하는 데 경제성이 향상될뿐더러 국가의 경제적 기반을 확고히 하는 시너지효과를 낼 수 있었다.

초기에 우리나라는 망간각이 많이 분포한 지역으로 알려진 마셜 제도 EEZ 내의 해저산을 대상으로 시범 탐사를 했다. 당시에는 넓은 공해의 어느 곳에 망간각이 있는

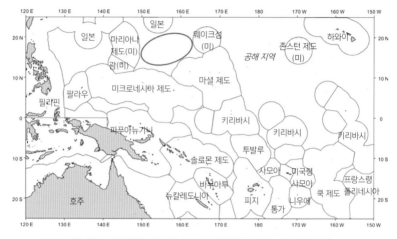

그림 8 망간각 탐사 지역(파란색). 빨간색은 도서국가 및 연안국가의 EEZ 경계를 가리킨다.

지 연구가 많이 부족한 상태였지만, 우리가 미국 지질조사소 팀과 공동 탐사를 했던 마셜 제도 해역은 상대적으로 자료가 많아 이 지역을 선정하는 것이 수월하였다.

그런데 1998년에 국제해저기구에서 망간각 광업규칙 제정을 검토함에 따라 우리나라는 탐사 대상을 마셜 제도, 미크로네시아 제도 인근 공해의 해저산으로 변경하였고, 2000년부터 본격적으로 탐사를 실시하였다(그림 8). 이는 다른 나라의 법에 따라 좌우되는 EEZ 내에서의 광물자원 개발에 비해, 공해에서의 개발은 유엔해양법협약에 의거해 구성된 국제해저기구의 회원국 자격으로 참여

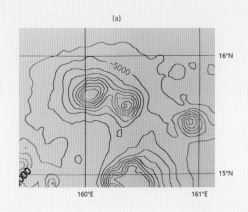

(a)

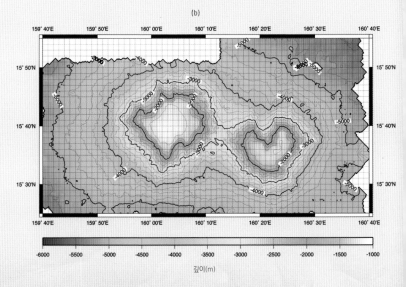

(b)

깊이(m)

그림 9 위성 측정 자료를 바탕으로 한 해저산 수심도(a)와
다중음향측심기(Multi-Beam Echo Sounder)의 수심 자료에 따른 해저산 수심도(b) 비교

할 수 있기에 국제관계에 있어 보다 안정적이기 때문이었다. 하지만 공해 지역의 해저산 관련 정보가 거의 없었으므로 탐사를 시작하려면 정밀한 해저산 지도부터 만들어야 했다. 실제로 탐사를 통해 해저산 지도를 만들어보니, 기존에 있던 지도와 비교해 위치와 형태가 많이 달랐다 (그림 9).

이렇듯 해저 광물을 탐사하려면 그 전에 많은 연구진이 실제로 대양으로 나아가 연구선에서 오랜 기간 머물며 연구를 해야 한다. 그렇기에 떠나기 전과 떠난 후 그리고 돌아온 뒤에도 많은 일이 벌어지는 것이 탐사 여행이다. 탐사에서 어떤 일이 벌어지는지, 또 어떻게 연구를 하는지 우리 연구 팀의 실제 탐사 이야기를 통해 알아보자.

망간각을 찾아 탐사에 나서다

우리가 탐사를 떠난 곳은 마셜 제도의 해저산이었다. 비교적 잘 알려진 장소였지만, 망간각 탐사는 망간단괴 탐사와는 다른 계획이 필요했다. 우선 연구선 온누리호를 타는 곳부터가 달랐다. 망간단괴 탐사를 위해 온누리호를 타는 곳은 하와이의 호놀룰루이다. 전 세계 사람들이 아는 유명한 관광지라 배와 비행기들이 많이 다니고, 호놀룰루로 가는 비행기 표, 숙박할 호텔, 연구선의 입항과 출항 수속을 해주는 현지의 선박대리점 등을 구하는 데 별로 어려움이 없었다.

반면에 망간각을 탐사하려면 마셜 제도의 수도인 마주로(Majuro)에서 온누리호를 타야 했다(그림 10). 제도(諸島)란 말 그대로 여러 개의 섬이란 뜻으로, 태평양의 많은 나라들이 여러 개의 섬으로 이루어져 있다. 서태평양에 있는 마셜 제도도 34개의 섬(그중 29개는 산호초로 만들어진 고리 모양의 환초 섬임)으로 이루어진 인구 5만 8000명(2018년 기

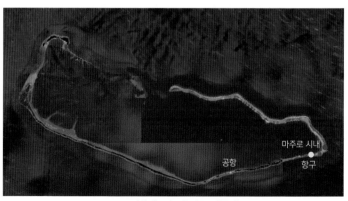

그림 10 마셜 제도 수도인 마주로 환초 섬

준) 정도의 작은 섬나라이다.

마주로에 대한 정보가 많지 않은 데다 탐사 팀도 처음 가보는 곳이라 현지 사정을 잘 알지 못했다. 망간단괴 탐사 등 먼 바다에서 오래 활동해야 하는 탐사 여행 때는 장기간 보관하기 어려운 채소, 과일 등의 식료품을 비롯해 현지에서 구입할 수 있는 물품들을 보통 배가 떠나는 곳에서 사는데, 망간각 탐사가 시작되는 마주로는 마셜 제도의 수도라고는 하지만 인구가 2만 명에 불과한 조그만 환초 섬이라 필요한 물품을 구하기가 어려울 것이라 예상했다. 그래서 온누리호가 국내에서 출발할 때 식품류를 비롯한 모든 물품들을 배에 실었다. 본격적인 탐사가 시작되기 전에 따로 시간을 내어야 하는 일이었지만 하는 수 없었다.

온누리호가 망간각 탐사에만 사용되는 것이 아니기 때문에 탐사 팀은 정해진 날짜에 정해진 곳까지 비행기로 가서 온누리호를 타야 했다. 하지만 온누리호를 타기로 한 곳인 마주로까지 가는 것도 쉽지 않았다. 우리나라에서는 마셜 제도까지 직접 갈 수 있는 비행기가 없어, 우선 미국령인 괌까지 간 후 그곳에서 마셜 제도까지 가는 비행기로 갈아타야 했다. 마셜 제도까지 가는 비행기는 콘티넨탈 미크로네시아 항공이었는데 이 비행기의 출발 시간은 8시, 우리가 괌에 도착하는 시간은 새벽 2시라 탐사 팀은 공항 대합실 의자에 앉거나 바닥에 누워서 환승 비행기를 기다려야 했다.

콘티넨탈 미크로네시아 항공의 별명은 '완행 비행기'였다. 목적지까지 바로 가는 직행버스와 달리 여러 정류장에 섰다 가기를 반복하는 완행버스처럼, 이 비행기도 하와이에 도착할 때까지 중간에 있는 여러 섬나라를 거쳤다. 탐사 팀이 탄 비행기도 괌에서 출발하여 미크로네시아 제도의 추크(Chuuk)섬, 포나페(Ponape)섬, 코스라에(Kosrae)섬을 거쳐 마셜 제도의 콰질레인(Kwajalein)섬, 마주로섬, 미국령의 존스턴(Johnston)섬을 지나 하와이의 호놀룰루에 도착하게 되어 있었고, 우리는 중간에 내리면 되는 것이었다.

'완행 비행기'는 탐사 팀원들이 주로 탔던 '직행 비행기'와 비교하여 많은 점이 달랐다. 일단 비행기의 크기부터 작았다. 대체로 타는 사람들이 많지 않을 때 작은 비행기가 뜨지만, 서태평양을 도는 이 비행기들은 다른 이유로 작았다. 비행기가 이륙하거나 착륙할 때는 활주로가 필요하다. 그런데 이 섬들은 대부분 환초이거나 크기가 작아 해안을 이용해 활주로를 건설하느라 활주로 길이가 짧았다. 그러니 대형 항공기는 운항을 할 수 없었던 것이다.

또 하나 재미있는 점이 있었다. 비행기가 섬에 도착하면 계속 더 가야 하는 승객들은 항공기에 남거나 내려서 환승장에서 대기하는데, 대부분의 승객들이 일단 내려서 신선한 공기를 쐬거나 주변 경치를 보다가 다시 타곤 했다. 그러다 보니 시간도 많이 걸려서 지도를 보면 그리 멀지 않은 거리였지만, 7시간가량 걸려 도착하였다.

처음 가본
마주로시(市)

드디어 비행기가 마주로에 도착했다. 비행기에서 내리면서 보니 활주로 양옆으로 바닷물이 넘실대는 해안이 있었다. 폭이 좁은 환초 섬 위에 활주로를 건설하여 생긴 풍경인데, 한쪽 해안과 활주로 사이에는 좁은 도로가 있었다(그림 11). 활주로 양옆으로 약간 경사진 곳에 물이 고여 있는 특이한 광경도 보았다. 나중에 알

그림 11 환초를 따라 발달한 마주로 시가지(출처: ocean.si.edu)

아보니 마주로는 물 사정이 좋지 않아 비가 올 때 이곳을 따라 고이는 빗물을 저장해서 활용한다고 하였다.

비행기에서 내리자 덥고 습한 공기가 확 하고 와 닿았다. 탐사 팀들은 그제야 태평양 적도 지역의 섬에 온 것을 실감할 수 있었다. 공항은 우리나라 시골의 시외버스 터미널처럼 작았고, 수하물 검사 엑스레이 투과기도 설치되어 있지 않아 일일이 손으로 검사를 하느라 통관하는 데 시간이 많이 걸렸다. 또 냉방시설도 되어 있지 않은 데다 외부와 트인 공간이라 수속을 마치고 입국장을 나온 탐사 팀원들은 모두 땀범벅이 되어 있었다.

입국장 밖에서는 현지의 선박대리점에서 보내준 버스 기사가 안내판을 들고 우리를 맞아주었다. 좁은 환초 위에 만들어진 도로를 따라 동쪽으로 30~40분가량 가니 주민들이 많이 사는 지역이 나타났다. 이곳은 폭이 400~800미터 정도로 환초에서도 비교적 넓은 지역이어서 관공서, 호텔, 시장 등 상업지구와 주거지역이 모여 있었다.

탐사 팀의 숙소는 아우트리거 호텔(Outrigger Hotel; 지금은 Marshall Island Resort로 명칭을 바꾸었음)로 마셜 제도에서도 최고급 호텔이었다. 당시에는 개관한 지 얼마 되지 않아 고객 유치를 위해 대폭 할인을 해주었는데, 덕분에 저렴한 가격에 예약할 수 있었다(그림 12).

호텔 체크인을 마친 후에는 마주로 시내를 둘러보았다. 특별히 시내라고 할 만한 곳도 없는 곳이었지만, 커다란 볼링 핀을 간판으로 달아둔 볼링장이 눈에 띄었다. 사람들이 모이는

그림 12 탐사팀이 묵었던 아우트리거 호텔
(출처: tripadvisor)

그림 13 마주로에 입항하는 온누리호

곳은 시장으로 주변에 상점과 식당들이 있었으며, 가까이
에는 어선들이 정박해 있는 모습이 보였다.

다음 날 오전, 탐사 팀은 호텔 로비에서 온누리호가 마
주로 환초 섬으로 들어오는 모습을 볼 수 있었다(그림 13).
온누리호는 상선들이 주로 정박하는, 호텔에서 얼마 떨
어지지 않은 항구에 정박하였다. 오후가 되자 탐사 팀원
들은 모두 온누리호로 가서 이틀 후에 있을 출항을 위해
물품들을 정리하고, 탐사 장비를 점검하였다.

현지의 선박대리점에서 마주로 환초 서쪽 끝에 있는
로라 비치(Laura Beach)가 볼 만한 곳이라 추천해주어 온누

리호 승조원들과 함께 방문해보았다. 말 그대로 얕은 바다와 조그만 해변이 있어 경치는 멋있었지만, 가까이 가서 보니 날카로운 산호 때문에 바다에 접근하기가 어려웠고, 현지인들이 버린 깨진 유리병과 쓰레기 때문에 걷기도 힘들었다.

이렇게 둘러볼 곳이 별로 없는 데다 낮에는 너무 더웠던 탓에 팀원들은 대부분의 시간 동안 온누리호 배 안에서 작업을 하거나 쉬었고, 저녁이 되어서야 거의 2주일 만에 항구에 도착한 온누리호의 승조원들과 삼삼오오 주변 식당이나 선술집을 찾았다.

이틀 후, 드디어 온누리호가 망간각 탐사를 위해 출항하였다. 갑판에 서서 바라보니, 햇빛에 반짝거리며 빛나는 마주로 환초 섬의 라군(lagoon, 환초의 안쪽 바다)과 주변을 빽빽하게 둘러싼 야자수의 모습이 어느 열대지방의 아름다운 리조트 소개 책자에 나오는 사진 같았다. 환초 섬을 벗어나자 라군의 에메랄드빛 바다는 어느새 사라지고 검푸른 바다가 넘실댔다. 마주로는 높은 곳이 거의 없는 섬이라 얼마 지나지 않아 수평선 아래로 모습을 감추었고, 탐사대원들의 눈에 보이는 것은 사방으로 한없이 이어진 수평선뿐이었다. 앞으로 탐사를 마치고 항구에 들어올 때까지 계속 보게 될 풍경이었다.

출항 후 첫 번째로 맞이한 점심 식사에는 특별한 음료가 제공되었다. 천연 야자주스였는데, 야자열매는 승조원들이 마주로 현지 시장에서 구입한 유일한 것이라 했다. 열매 겉의 섬유질은 벗겨내고 동그란 알맹이 속의 주스를 마시는데 맛이 마치 이온음료 같았다. 이 주스는 출항 후 며칠 동안이나 식사 때마다 나왔고, 처음에는 호기심에 제법 인기도 많았다. 하지만 나중에는 찾는 사람이 그리 많지 않았다.

1997년 8월 23일, 마주로 항구를 출발한 온누리호는 33시간 동안 쉼 없이 항해한 끝에 첫 번째 탐사 지역인 렘케인(Lemkein) 해저산에 도착하였다. 해저산은 말 그대로 바다 밑 깊은 곳에 있는, 산처럼 생긴 지형이다. 그렇기에 온누리호가 멈춰 선 바다에는 다른 곳과 다를 바 없이 검푸른 물결만 있을 뿐이었다. 하지만 탐사 장비를 갖춘 온누리호 덕분에 우리는 그곳이 첫 번째 목적지라는 것을 알 수 있었다. 우리나라 탐사선이 최초로 망간각을 탐사하는 순간이었다.

05

망간각을
탐사하는 방법

깊은 바다 속은
어떻게 생겼을까?

아주 단순하게 이야기하자면 바다 속 지형은 육지와 비슷하다. 이는 육지에 있는 산이나 골짜기가 바다 밑에도 있다는 말이다. 망간각은 깊은 바다 속에 있는 산인 해저산에서 볼 수 있다는 말이다. 해저 바닥에 자갈처럼 깔려 있는 망간단괴와는 달리 망간각은 해저산의 비스듬한 면에 노출된 암반을 덮은 형태로 존재한다. 육지의 산과 마찬가지로 해저산에도 바위들이 있는데, 망간각이 그 위를 덮고 있는 것이다. 이 때문에 망간각 탐사를 할 때 가장 먼저 하는 일이 해저산의 모양을 정확하게 파악하는 것이다.

육지에서라면 직접 산에 오르거나 드론 등으로 산을 내려다보며 산의 모양을 파악할 수 있지만, 해저산은 깊고 압력이 높은 바다 속에 있어 사람의 눈이나 손으로 관찰할 수 없다. 따라서 해저산의 모양을 파악하기 위해 다중음향측심기(Multi-Beam Echo Sounder)라는 특별한 기기를 사용한다.

바다에서는 눈보다 귀를 사용하는 것이 물체를 파악하기에 더 편리할 때가 많다. 다중음향측심기의 영어 이름에 '에코(Echo, 反響)'가 붙어 있는 것에서 알 수 있듯이 이 기계는 되돌아오는 음향을 이용하여 지형이나 물체의 모습을 파악하게 해준다.

다중음향측심기에는 수십 개에서 200여 개에 이르는 음파발생기가 달려 있으며, 이를 한 줄로 놓고 동시에 음파를 쏜 다음 되돌아오는 음파를 받아 그 높낮이를 측정한다. 음파가 닿는 곳의 깊이는 제각각이므로 음파가 단단한 곳에 부딪쳐 되돌아오는 시간을 측정하면 깊고 얕음이 드러나는 것이다.

그림 14(a) 다중음향측심기로 수심을 측정하는 모습

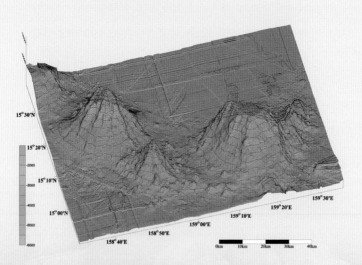

그림 14(b) 다중음향측심 자료로 만든 해저산의 3차원 모습

음파발생기가 여러 개 있을수록 한 번에 여러 지점의 수심을 측정할 수 있는데, 온누리호의 선체에는 음파발생기(beam)가 191개인 다중음향측심기 EM120이 달려 있어 배가 나아가는 방향에서 그 직각 방향으로 수심 자료를 얻을 수 있다. 수심 측정의 범위는 물의 깊이에 따라 달라지지만, 수심이 1.3~5킬로미터인 지역에서는 최대 수심 측정 폭이 12~14킬로미터 정도가 된다(그림 14).

해저산의 지형 자료를 얻기 위해 다중음향측심기를 사용하지만, 이때 후방산란 강도(Backscattering Intensity)라고 하는 자료도 함께 얻을 수 있다. 후방산란이란 음파가 물체에 닿아 반대 방향으로 반사되는 현상을 말하며, 반사하는 물체의 성질에 따라 음파가 반사되는 정도가 달라진다. 바닥에 공을 떨어뜨렸을 때 푹신한 바닥보다 단단한 바닥에서 공이 세게 튀기는 것처럼 음파가 딱딱한 물체에 부딪칠수록 후방산란 정도가 크며, 이를 후방산란 강도가 높다고 표시한다.

해저면 표면이 바위 같은 단단한 물질이면 후방산란 강도가 높고, 진흙이 쌓인 퇴적물처럼 부드러운 물질이면 후방산란 강도가 낮아 해저면의 상태를 대략적으로 판

별할 수 있다(그림 15). 이 같은 정보는 해저산 비탈면이 어떤 물질로 덮여 있는지 구분하는 데 편리하게 이용할 수 있지만, 탐사선과 조사하는 해저면의 거리가 멀수록 정확도가 떨어진다.

이런 점을 보완하기 위해 측면주사음파탐지기(Side Scan Sonar)를 사용한다. 측면주사음파탐지기는 음파를 해저면에 비스듬히 쏘아 되돌아오는 반사 음파를 수신하여, 육지의 지형을 항공사진으로 촬영하듯 해저면의 형태를 음파로 촬영하는 장비이다. 수심을 측정하는 데 쓰는 다중음향측심기와는 사용하는 음파의 주파수에 차이가 있다. 음파의 파장이 긴 저주파일수록 멀리 갈 수는 있으나 반사되는 음파의 선명도가 낮아 물체의 성질을 파악하기가 모호하다. 이와 반대로 음파의 파장이 짧은 고주파는 멀리 갈 수는 없지만 선명도가 높아 저주파보다 물체의 성질을 파악하기가 훨씬 쉽다.

다중음향측심기는 저주파의 음파로 바다 깊은 곳까지 수심을 측정하는 데 사용하며, 측면주사음파탐지기는 고주파의 음파로 해저면의 형태와 해저를 이루는 물질들이 어떻게 분포하는지 등을 자세히 파악하는 데 사용한다.

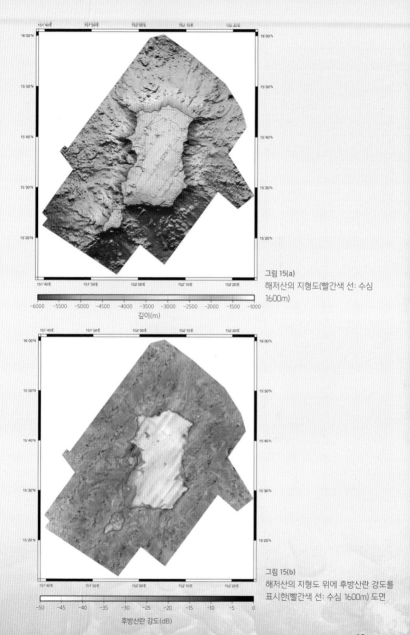

그림 15(a)
해저산의 지형도(빨간색 선: 수심 1600m)

깊이(m)

-6000 -5500 -5000 -4500 -4000 -3500 -3000 -2500 -2000 -1500 -1000

그림 15(b)
해저산의 지형도 위에 후방산란 강도를 표시한(빨간색 선: 수심 1600m) 도면

후방산란 강도(dB)

-50 -45 -40 -35 -30 -25 -20 -15 -10 -5 0

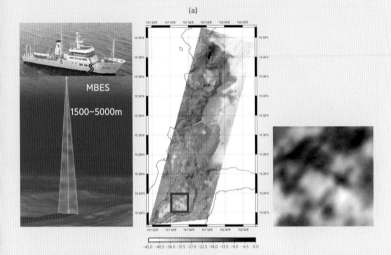

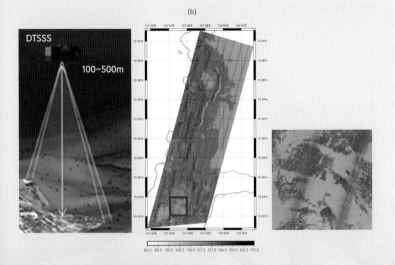

그림 16 다중음향측심기(EM120)를 이용한 선상 탐사(a)와 측면주사음파탐지기(IMI-30)로
근접 해저면 탐사에서 얻은 후방산란 강도(b) 자료 비교(맨 오른쪽 그림은
가운데 그림에서 붉은 사각형 부분을 확대한 것으로 해상도 차이가 확연함을 보여줌)

70

그러나 측면주사음파탐지기는 멀리 못 가는 고주파를 쓰므로 가능하면 해저면 부근까지 장비를 내려서 사용해야 한다. 탐사에서는 측면주사음파탐지기를 해저면으로 수십~수백 미터 지점까지 내린 다음 1노트(1.852km/시간) 이하의 속도로 천천히 끌면서 해저면에 관한 정밀한 음파 자료를 얻는다. 그러나 이 방법은 7~10노트의 속도로 탐사가 가능한 다중음향측심기를 사용할 때보다 시간이 많이 걸려서 넓은 지역을 탐사하는 단계에서는 잘 사용하지 않는다(그림16).

다중음향측심기와 측면주사음파탐지기로 얻은 후방산란 강도 자료만으로는 둘 다 딱딱한 암반과 망간각을 구별할 수 없다. 그래서 마지막에는 영상 탐사를 통해 해저면 상태와 망간각의 존재 여부를 확인한다.

해저면 영상 탐사는 비디오카메라와 스틸카메라 등을 장착한 심해저 카메라 시스템을 해저 바닥까지 내린 다음 1노트 이하의 느린 속도로 끌면서 해저면을 관찰하는 것으로, 실시간으로 영상을 볼 수 있기 때문에 해저면 상태를 보다 정확히 관찰할 수 있다. 해저면 영상 탐사 결과와 다중음향측심기를 이용해 만든 지형도, 후방산란 강도 자

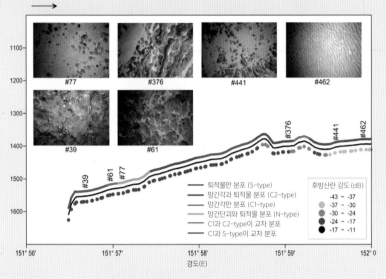

1100
1200
1300
1400
1500
1600

#77 #376 #441 #462
#39 #61

#376 #441 #462

#39 #61 #77

퇴적물만 분포 (S-type)
망간각과 퇴적물 분포 (C2-type)
망간각만 분포 (C1-type)
망간단괴와 퇴적물 분포 (N-type)
C1과 C2-type이 교차 분포
C1과 S-type이 교차 분포

후방산란 강도 (dB)
-43 ~ -37
-37 ~ -30
-30 ~ -24
-24 ~ -17
-17 ~ -11

151° 56'   151° 57'   151° 58'   151° 59'   152° 0'
경도(E)

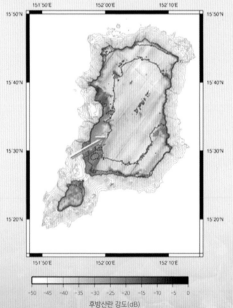

151° 50'E   152° 00'E   152° 10'E
15° 50'N   15° 50'N
15° 40'N   15° 40'N
15° 30'N   15° 30'N
15° 20'N   15° 20'N
151° 50'E   152° 00'E   152° 10'E

-50 -45 -40 -35 -30 -25 -20 -15 -10 -5 0
후방산란 강도(dB)

그림 17
해저산 사면(아래쪽 그림)의 화살표를
따라 심해저 카메라로 관측한 해저면의
망간각 산출 상태와 다중음향측심기로
측정한 후방산란 값의 비교

료를 결합해보면 그림 17에서 보듯이 해저산 사면의 상태와 망간각이 있는지 여부 그리고 부존 형태를 알 수 있다.

망간각을 채취하는 장비들

영상 탐사를 통해 망간각이 있다는 것이 확인되면 시료채취기로 망간각을 채취한다. 탐사 단계에 따라 다양한 장비를 사용하는데, 초기 단계 탐사(광역 탐사 단계)에서 가장 보편적으로 사용하는 것이 드레지(Dredge)라는 이름의 장비이다(그림 18).

잠자리를 시료(試料, 관찰·분석에 쓰는 물질이나 생물)로 삼고자 잡을 때 잠자리채가 필요하듯 시료를 채취하는 장비는 각 시료의 특성에 따라 다르다. 바다 깊은 곳은 시료를 채취하기가 더욱 까다롭기 때문에 여러 장비가 만들어졌다. 그중에서 원통형이나 상자형 본체에 쇠그물로 된 바구니가 달린 간단한 구조의 시료채취기가 드레지이다. 드레지는 해저면을 긁어서 시료를 채취하기에 작업이 쉽게 이루어지는 반면, 시료를 어디에서 채취했는지 정확히 알기 힘들다는 단점이 있다. 이를 보완하기 위

그림 18(a) 원통형 드레지

그림 18(b) 상자형 드레지

그림 18(c) 드레지로 채취한 망간각

해 암석 절단기(Rock Cutter)가 달린 무인잠수정, TV-그랩 (TV-Grab), 천부시추기 등 정밀한 장비를 동원하기도 하지만, 시료를 채취하는 데 시간이 많이 걸려 초기 단계 탐사에서는 사용하지 않고 이후의 정밀 탐사 단계에서 사용한다.

이렇게 채취한 망간각으로 우리는 이것이 언제, 어떤 환경에서 만들어졌는지 그리고 망간각을 구성하고 있는 광물의 종류가 무엇이고, 함량은 얼마나 되는지를 알 수 있다. 그림 19는 망간각을 자른 것이다. 단면을 보면 나

◀그림 19(a)
드레지로 채취한 망간각의 단면. 기반암 위에 망간각(검은 부분)이 성장해 있는 모습을 보여준다.

◀그림 19(b)
시료를 채취할 때 기반암 부분은 약해서 떨어져 나가고 단단한 망간각 부분만 남은 모습이다.

무의 나이테나 퇴적암처럼 여러 개의 층이 관찰되는데, 이는 각 층이 형성될 때 환경이 달라졌다는 것을 의미한다. 실제 현미경으로 각 층의 조직구조를 관찰해보아도 이러한 현상을 발견할 수 있다(그림 20-b). 화학분석을 통해서도 층별로 각기 다른 구성 물질과 광물 함량을 갖고 있음을 알 수 있어, 각 층이 형성될 때 환경 차이가 있었다는 것을 확인할 수 있다(그림 20-c).

망간각의 두께는 매장량을 결정하는 중요한 요소여서 다양한 방법으로 두께를 잰다. 일반적인 방법으로는 채취한 시료에서 망간각의 두께를 직접 측정하는 것이다. 이를 위해 먼저 배 위에서 장비를 케이블에 연결한 후 해저 바닥으로 내려 시료를 채취하므로 하나의 시료를 채취하는 데 시간이 많이 걸린다. 가장 간편한 방법으로 드레지를 이용할 수 있지만, 앞서 이야기한 것처럼 해저면을 긁어서 시료를 채취하므로 채취된 시료가 정확히 어디에 있었던 것인지를 파악하기 어렵다.

해저면에 있는 시료를 집어서 채취할 수 있게 만든 TV-그랩은 내부에 설치된 TV 카메라로 해저 바닥을 실시간 관찰하면서 필요한 시료를 채취하는 장비이다. 시

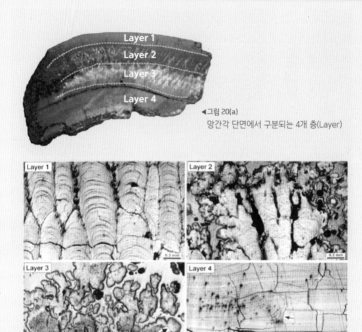

◀ 그림 20(a)
망간각 단면에서 구분되는 4개 층(Layer)

그림 20(b) 현미경에서 관찰되는 각 층(Layer)의 조직구조

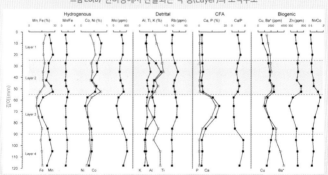

그림 20(c) 각 층(Layer)을 이루는 구성 물질과 광물 함량의 변화

그림 21 해저면 정밀 시료채취장비 중 하나인 TV-그랩(TV-Grab)

료를 채취한 위치는 정확히 알 수 있지만, 해저 바닥에서 망간각을 뜯어내는 것이 쉽지 않다. 시추기를 이용하면 다른 방법을 쓰는 것보다 정확하게 위치를 파악하고 두께를 잴 수 있다. 그러나 해저면에 시추기를 설치해서 시료를 채취하기까지 시간이 오래 걸린다(그림 21).

암석 절단기를 단 무인잠수정을 활용하는 방법 역시 이를 운영하는 데 어려움이 있어 제한적인 목적에만 사용하고 있다. 더구나 시료를 채취하여 두께를 재는 방법을 사용할 경우, 망간각이 연속적으로 분포되어 있는지를 알기 위해서는 일정한 간격으로 계속 망간각 시료를 채취하여 두께를 재야 하므로 광범위한 지역을 대상으로 할 때에는 엄청난 시간과 비용이 소요된다.

이러한 단점을 보완하고자 최근에는 새롭게 음향탐사 기법을 이용하여 두께를 재는 방법을 개발하고 있다. 병원에서 초음파기로 인체의 내부를 검사하는 것처럼 음파(고주파)를 이용하여 망간각과 아래의 암반을 구별해서 망간각의 두께를 재는 것이다. 이 작업을 위해서는 원격무인잠수정(ROV)이나 자율무인잠수정(AUV) 등이 필요하다.

무인잠수정은 말 그대로 사람이 타지 않는 잠수정으로 이 기계에 고주파 탐사기를 달아 배 위에서 원격으로 조종하거나, 미리 계획된 대로 스스로 움직이게 하여 망간각의 두께를 연속으로 측정한다. 아직은 연구 단계에 있으나, 이 방법이 개발되면 빠른 시간에 넓은 지역의 망간각 분포 상태를 측정할 수 있을 것이다.

이렇게 많은 탐사 장비와 방법이 있지만, 어떤 방법을 선택할지를 정하는 것은 바다에서 직접 탐사를 진행하는 대원들이다. 실제 탐사에서는 다양한 방식의 탐사 방법을 목적과 단계, 쓸 수 있는 장비의 종류 등 여러 조건에 따라 최선의 조합을 고안하여 실시한다.

06

드디어
광구 등록을 마치다

우리의 망간각 광구를
갖게 되다!

국제해저기구가 제정한 '공해상 망간각 탐사규칙(Regulations on Prospecting and Exploration for Cobalt-rich Ferromanganese Crusts in the Area)'은 2012년 7월, 자메이카의 킹스턴에 있는 국제해저기구 본부에서 열린 제18차 총회에서 승인되면서 그 효력이 발생하였다. 이에 따라 그동안 탐사를 진행해왔던 국제해저기구의 여러 회원국들이 망간각 탐사 광구를 등록할 수 있게 되었다.

이미 많은 나라에서, 망간각 탐사의 초기라고 할 수 있는 1980~1990년대에 비교적 두꺼운 망간각이 발달해 있다는 사실이 알려진 서태평양의 미크로네시아 제도, 마셜 제도, 키리바시 등 도서국의 EEZ와, 가까운 공해 지역에 있는 해저산을 대상으로 망간각 탐사를 했다. 바로 우리나라를 비롯해 미국, 독일, 일본, 러시아, 중국이다.

특히 2000년대 들어 국제해저기구에서 해저열수광상과 망간각 개발을 위해 새로운 광업규칙 제정에 대한 논의를 시작하면서 서태평양의 공해 지역에 분포하는 망간각에 관심이 급증하였다. 그러나 서태평양 지역은 주인 없는 바다가 아니라 여러 섬나라들이 있었기에 이들의 EEZ를 제외하면 공해 지역은 얼마 되지 않았고, 더구나 해저산이 분포하는 지역은 더욱 제한되어 있었다.

서태평양 지역에서 마리아나 제도, 미크로네시아 제도, 마셜 제도, 웨이크섬 그리고 미나미토리[南鳥]섬의 EEZ로 둘러싸인 좁은 공해에 분포하는 해저산들을 '마젤란 해저산(Magellan Seamount)'이라 부르는데, 처음 마젤란 해저산 탐사를 주도한 나라는 일본과 러시아였다. 나중에 우리나라와 중국이 뛰어들었고, 지역이 좁다 보니 그중에서도 망간각의 산출 상태가 가장 좋은 지역을 선점하기 위하여 서로가 경쟁 대상이 되었다. 그래서 국제해저기구에서 망간각 탐사규칙을 입안(立案)할 때에도 자국에 유리한 방향으로 되도록 서로 견제하였다.

이 국가들 중에서 비교적 일찍 탐사를 시작하였거나, 집중적인 탐사로 광구 신청에 필요한 자료를 비축한 일본, 중국, 러시아는 자신들이 탐사하여 선정한 지역을 빼앗기지 않으려고 망간각 탐사규칙이 효력을 발생한 이후 빠른 기간 내에 광구를 신청하였다.

중국은 망간각 탐사규칙이 국제해저기구 총회를 통과한 날인 2012년 7월 27일에 자국의 광구를 신청하였고, 일본은 다음 달인 2012년 8월 3일에 광구를 신청하였다(표 3). 그다음으로 러시아가 2013년 2월 6일, 브라질이 2013년 12월 31일 그리고 우리나라가 2016년 5월 10일에 망간각 광구를 신청하였다. 이 광구들 가운데 브라질 광구만 자국의 인근 지역인 남대서양에 위치하며, 나머지 4개국의 광구는 모두 서태평양의 좁은 공해 지역 내 마젤란 해저산 지역에 있다(그림 22).

우리나라는 다른 나라들에 비해 망간각에 대한 광구

표3 망간각 광구 신청 현황

신청국(기관)	광구 신청	ISA 승인	ISA 탐사 계약 체결	광구 위치
중국 (대양광물자원협회/ COMRA)	'12.07.27	'13.07.19	'14.04.29	서태평양 마젤란 해저산
일본 (석유천연가스금속광물 자원기구/JOGMEC)	'12.08.03	'3.07.19	'14.01.27	서태평양 마젤란 해저산
러시아 (천연자원환경부)	'13.02.06	'14.07.21	'15.03.10	서태평양 마젤란 해저산
브라질 (광물자원공사)	'13.12.31	'14.07.21	'15.11.09	남대서양 리오그란데 해령
대한민국 (해양수산부)	'16.05.10	'16.07.18	'18.03.27	서태평양 마젤란 해저산

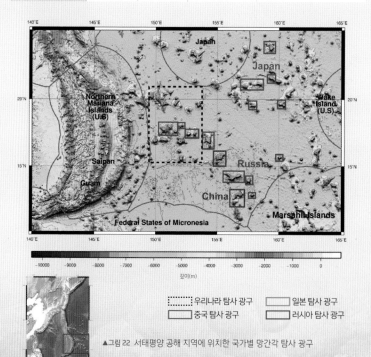

▲그림 22 서태평양 공해 지역에 위치한 국가별 망간각 탐사 광구

신청이 늦었다. 그 이유는 2010년에 망간각 광업규칙에 앞서 해저열수광상 광업규칙이 제정되었기 때문이다. 국제해저기구가 망간각과 해저열수광상의 광업규칙을 본격적으로 제정하기 전인 2000년대 중반까지, 우리나라는 망간각 탐사를 위해 서태평양 공해의 마젤란 해저산 지역을 탐사하였고, 해저열수광상의 경우 지리적 거리를 감안하여 상대적으로 우리나라에서 가까운 남태평양의 피지와 통가의 EEZ를 대상으로 탐사를 하고 있었다.

그런데 2000년대 후반, 해저열수광상 광업규칙이 먼저 제정될 것이 예상되었다. 이때까지 우리나라는 공해 지역에서 해저열수광상을 탐사한 적이 없어 망간각 탐사를 잠시 중단한 뒤, 2009년부터 지리적 거리와 광상 형성 가능성 등을 고려해 인도양 중앙해령을 해저열수광상 탐사 대상 지역으로 선정하고 집중적으로 탐사하였다. 그 대신 해저열수광상 광구 신청이

그림 23 우리나라의 망간각 광구 신청서에 서명한 해양수산부의 당시 김영석 장관(가운데)

완료(2012년)된 다음 해인 2013년부터 망간각 탐사를 다시 시작해 3년간 집중적으로 탐사하면서 2016년에 망간각 광구를 신청할 수 있었던 것이다(그림 23).

동시에 탐사를 하면 되지 않느냐는 의문을 가질 사람도 있을 것이다. 하지만 큰 바다로 나아갈 연구선도 많지 않은 우리나라에서는 유일하게 한국해양과학기술원만이 해저 광물 탐사를 하고 있었다. 한 기관에서 대규모 탐사를 여러 지역에서 동시에 해내는 것은 쉬운 일이 아니다. 더구나 지금은 연구선 이사부호(5894톤, 그림 24)가 추가되었지만, 당시에는 2016년에 취항한 이사부호보다 훨씬 작은 온누리호(1422톤)밖에 없었다. 탐사를 하고 이를 분석할 수 있는 연구원도 주로 한국해양과학기술원 소속의

그림 24 2016년에 취항한 이사부호

연구원이었는데, 대학을 비롯한 관련기관 소속의 인력 등을 모두 합하여도 탐사를 떠날 수 있는 전문 인력은 50 여 명 정도였다.

2010년에 심해저 광물자원 탐사가 이루어지고 있던 지역을 살펴보면 동시에 탐사를 한다는 것이 얼마나 힘든지 잘 알 수 있다. 그때 우리나라는 동태평양 클라리온-클리퍼턴해역에 있는 망간단괴 광구 지역에서 정밀 탐사를 하고 있었다. 그런데 해저열수광상 광구 신청을 하기 위해서는 인도양 중앙해령에서도 탐사를 해야 했다. 지도로 보면 서로가 지구 반대편에 있다는 것을 알 수 있는데, 온누리호가 이 2개의 탐사 지역을 이동하는 기간만 1개월 이상이 걸렸다. 또 한 번에 두 지역을 탐사하려면 6개월 이상이 소요되었다. 당연한 이야기지만 탐사를 하려면 인력, 장비 외에도 막대한 비용이 필요하다. 하지만 당시 우리의 인력, 장비, 예산으로는 망간단괴 탐사, 해저열수광상 탐사 그리고 망간각 탐사를 동시에 수행하기에는 역부족이었다.

이 때문에 중국, 일본, 러시아가 망간각 광구를 신청할 때마다 연구원들은 좁은 마젤란 해저산 지역에 우리가 신청할 광구가 남아 있을까, 혹시 우리가 탐사했던 해저산을 저들이 먼저 신청하는 것은 아닐까 늘 마음을 졸여야 했다. 우려는 현실로 나타나서 우리나라가 2000~2004년 동안 망간각을 탐사했던 해저산 중 일부가 중국과 러시아의 신청 지역에 포함되었다.

하지만 연구원들은 그것보다 마젤란 해저산 지역에서 중국, 일본, 러시아가 신청한 해저산을 제외하면 망간각 광구를 신청할 만한 해저산이 얼마 남아 있지 않다는 사실이 더 걱정스러웠다. 누군가 우리보다 먼저 광구를 신청하면 그동안 쌓아온 노력에도 불구하고 우리는 더 이상 그 지역의 광구를 선정할 수 없거나, 선정하더라도 상대적으로 망간각의 부존 상태가 좋지 않은 지역을 선택할 수밖에 없었다.

이런 여건 속에서 우리가 할 수 있는 일은 다시 망간각 탐사를 시작한 2013년부터 최선을 다해 유망 광구를 찾는 것이었다. 다행히도 3년간에 걸친 집중 탐사로 우리도 광구 신청 지역을 선정할 수 있었고, 2016년 5월에 신청한 광구는 그해 7월 마침내 국제해저기구로부터 우리나라의 망간각 광구로 승인 받을 수 있었다(그림 25, 26, 27).

그림 25 우리나라의 망간각 광구 신청서

그림 26 국제해저기구 법률기술위원회에서 우리나라의 망간각 광구 신청을 심사하는 모습

그림 27 망간각 광구 신청 심사를 마친 한국 대표단

처음으로 우리의 기술과 장비로 망간각 탐사에 도전한 1997년 이후 20년 만인 2016년에 드디어 우리나라가 개발할 수 있는 망간각 광구를 갖게 된 것이다!

최종 광구를
선정하기까지

우리나라가 국제해저기구로부터 승인 받은 망간각 탐사 광구는 면적이 3000제곱킬로미터로, 신청할 수 있는 최대의 면적이다. 우리나라 광구는 9개의 해저산에 걸쳐 있으며, 망간각 탐사규칙에 따라 1개 블록(block)이 20제곱킬로미터의 사각형인 150개의 블록으로 이루어져 있다(그림 28). 그러나 광구를 승인 받았다고 해서 3000제곱킬로미터 크기의 광구 전부를 우리나라가 개발할 수 있는 것은 아니다. 엄밀한 의미에서 우리가 승인 받은 광구는 우리만이 독점적으로 탐사할 수 있는 광구라는 뜻이다.

망간각 광업규칙에 따르면 승인 받은 탐사 광구 중 일부는 규정된 절차에 따라 반납하는 과정을 거쳐야 하며, 그렇게 하여 선정된 1000제곱킬로미터 크기의 광구를 최

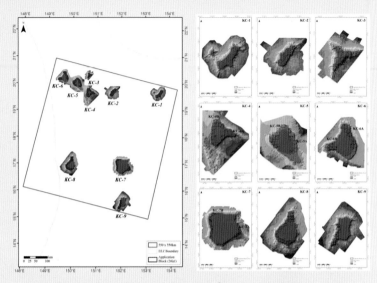

그림 28(a) 우리나라의 망간각 탐사 광구 3000km²(진청색, 9개 해저산에 분포)

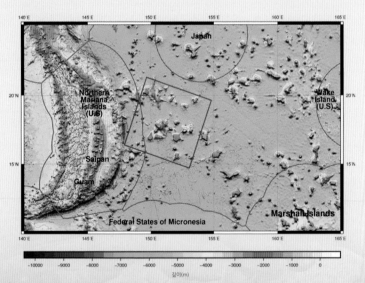

그림 28(b) 분홍색 선은 주변국 EEZ 경계, 빨간색 사각형은 망간각 탐사규칙에 따라
광구가 분포할 수 있는 최대 범위를 가리킨다.

종적으로 확정하게 된다. 탐사규칙에서 광구의 일부 면적을 반납하도록 하는 과정은 망간단괴, 해저열수광상에도 적용되는 것으로, 심해저 광물의 매장량을 산출하는 방법이 아직 기술적으로 완벽하지 않아서 광구 신청자들에게 기술을 개발할 수 있도록 시간을 주는 일종의 인센티브라고 할 수 있다.

최종 광구의 크기는 독과점을 방지하기 위해 과학적으로 면적을 정했다. 심해저 광물의 종류별 산출 특성을 감안해 최종 광구 면적의 2~4배 정도를 신청 받은 뒤 8~10년간의 기술개발을 거쳐 최종 광구 지역을 확정하는 것이다.

망간각의 광구 반납 과정은 2차에 걸쳐 진행되는데, 첫번째는 탐사 계약 체결일로부터 8년 이내에 탐사 광구 면적의 1/3인 1000제곱킬로미터를 국제해저기구에 반납해야 한다. 그리고 탐사 계약 체결일로부터 10년 이내에 다시 처음 탐사 광구 면적의 1/3인 1000제곱킬로미터를 반납한다. 3000제곱킬로미터의 탐사 광구를 선정하기 위하여 오랜 기간에 걸쳐 탐사를 했지만, 이제부터는 승인 받은 3000제곱킬로미터의 지역 중에서 유용 광물의 함량이

가장 높고, 부존량도 가장 많으며, 채광도 쉬운 1000제곱
킬로미터 지역을 선별하는 탐사를 해야 하는 것이다.

　해양에서 탐사를 수행할 때는 탐사의 목적에 따라 단
계별로 탐사를 진행한다. 지도조차 제대로 만들어져 있
지 않은 대양에서 광구 신청 지역을 선정하기 위해서는
우선 광범위한 지역에 분포하는 해저산을 대상으로 망간
각이 있는지, 있다면 어떻게 얼마나 있는지 조사한다. 이
때 탐사대원들은 광역 탐사를 통해 조사에 걸리는 시간을
줄인다. 정밀도는 떨어지지만 여러 지역을 조사할 수 있
다는 이점이 있다.

　광역 탐사를 실시한 후에는 선정된 지역을 대상으로
망간각의 부존 상태가 어떤 변화를 보이는지를 조사하는
정밀 탐사를 한다. 9개의 해저산에 분산되어 있는 우리나
라의 탐사 광구는 광역 탐사와 일부 제한된 지역에서만
실시된 정밀 탐사의 결과로 선정되었다. 따라서 2018년 3
월 국제해저기구와 망간각 탐사 계약을 체결한 우리나라
로서는 2028년 3월 최종 광구 선정 기간까지 많은 이익을
기대할 수 있는 가장 가치 있는 1000제곱킬로미터 지역
을 선정해야 하는 과제가 남아 있다.

07

망간각에서
어떻게 필요한
금속을 얻을까?

망간각으로부터 금속을 추출하는
기술과 남은 과제

우리는 지금까지 공해에서 망간각이 있는 곳을 찾는 노력과 그 망간각을 채취하기 위한 기술 등을 알아보았다. 그런데 해저산에서 망간각을 발견하면 그것을 그대로 산업현장에서 쓸 수 있을까? 그렇지는 않다. 금 광산에서 나오는 돌이 전부 금은 아니듯이 망간각 자체가 산업현장에 필요한 금속은 아니다. 금을 만들어 내기까지 여러 과정을 거쳐야 하는 것처럼 망간각에서 금속을 생산하기 위해서는 여러 과정이 필요하다.

가장 먼저 해야 할 일은 망간각이 많이 분포되어 있는 곳을 찾는 것이다. 망간각이 잘 발달되어 있는 곳을 찾으면 그 양이 얼마인지 추정해야 한다. 깊은 바다 밑에 있는 망간각을 바다 위로 끌어 올리는 데에는 적지 않은 돈이 들기 때문에 한곳에서 많은 양을 캐내야만 비용을 절약할 수 있다.

하지만 아무리 망간각이 많이 있어도 바다 위로 끌어 올리는 비용이 그것을 팔아서 얻는 이익보다 크다면 아무도 망간각을 채취하지 않을 것이다. 100원짜리 빵을 만들기 위해 110원어치 재료비와 임금이 필요하다면 빵을 만들지 않는 편이 이익인 것과 같은 이치다. 연구자들이 채취 기술을 발달시키는 이유 중의 하나도 좀 더 싸고 효율적으로 망간각을 얻기 위해서이다. 이렇게 망간각을 채취하여 산업현장에 쓰기까지는 탐사, 채굴, 양광(lifting: 캐어낸 광물을 해수면으로 끌어 올리는 것)의 과정이 필요하다.

그런데 왜 망간각을 채취하는 데 비용이 많이 들까? 우선 망간각은 주로 바다 깊은 곳의 해저산에 분포하는데, 수심이 깊은 곳일수록 탐사나 채취하기가 어려워 돈이 많이 든다. 그리고 해저산 정상 부근의 암반에 이불처럼 덮여 있는 망간각의 특성상 해저산의 지형이 험하면 채광기를 사용하기가 어렵다. 평평한 곳과 뾰족한 바위산, 둘 중 포크레인이 움직이기 좋은 곳이 어디인지를 생각하면 이해가 될 것이다.

일부 망간각은 해저로 낙하하는 퇴적물에 덮여 있어 채굴에 방해가 되고, 금속 함량을 떨어뜨려 좋은 망간각 자원 분포지가 되지 못한다. 그래서 해저산 망간각을 조사할 때에는 망간각 분포뿐 아니라 지형도 세밀하게 살펴야 하며, 지질조사를 통해 퇴적물로 덮여 있는지를 알아보아야 한다.

또한 망간각의 두께가 얇으면 채취할 수 있는 망간각의 양도 줄어들기 때문에 되도록이면 망간각의 두께도 정밀하게 조사해야 한다. 지구물리탐사(암석의 물리적 성질에 따라 다르게 나타나는 물리적 현상을 조사함으로써 지하의 지질구조나 암석의 성질을 알아내는 일)만 해서는 분포지 전체의 망간각 두께를 예측하는 것이 매우 힘들다. 해저산 기반암의 형성 과정, 퇴적물이 어떤 과정을 통해 퇴적되었는지에 대한 퇴적사 등 지구과학적 연구가 함께 이루어져야만 전체 지역의 망간각 두께를 효과적으로 잴 수 있다.

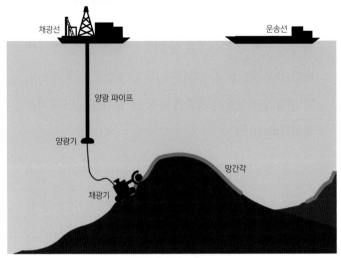

채광선

운송선

양광 파이프

양광기

망간각

채광기

그림 29 망간각 개발 모식도

　　망간각 탐사를 잘 수행하여 망간각의 양과 질에서 모두 적정한 분포지를 발견하였다면 망간각 채굴에 들어간다. 아쉽게도 망간각을 채굴하고 양광하는 방법은 아직 정립되어 있지 않지만, 망간단괴의 채굴 방법에 대한 연구개발은 어느 정도 진척되어 있다. 그림 29는 망간단괴 개발 방식을 모델로 하여 망간각을 채광하는 방법을 그린 것이다.

　　망간단괴, 망간각 모두 채광선, 양광파이프, 양광기, 채광기 등이 필요하다. 이러한 채광 기술은 1970년대부터 미국을 중심으로 동태평양에서 단괴를 양광하는 실험을 진행하여 그 가능성을 실증했고, 일본에서도 이와 비슷한 프로젝트를 진행하였다. 그중 망간단괴 채굴을 위한 채광기와 양광기 개발에 가장 큰 발전을 보인 나라는 우리나라다(그림 30).

그림 30 우리나라가 개발한 망간단괴 양광 시스템(위쪽)과 채광기 '미내로'(아래쪽)

2013년, 우리나라는 자체적으로 '미내로'라 불리는 채광기를 개발하여 약 1400미터 깊이에서 실제로 채광 시험에 성공했다. 2016년에는 동해 1200미터 깊이에서 광석을 물 위로 이송하는 양광 시스템 실증시험에도 성공했다. 물론 망간각은 망간단괴와는 다르게 광석이 기반암에 붙어 있어 효과적으로 망간각을 분리, 채굴하는 기기는 따로 개발해야 한다. 하지만 양광은 망간단괴와 비슷할 것이라 예상한다. 이렇듯 현재까지 망간각 채광 기술의 개념과 설계는 마련되어 있으나, 기기를 이용한 실증연구는 좀 더 수행되어야 할 것으로 보인다.

망간각을 채굴하면, 최종 생산품인 금속으로 가공하기 위해 일단 불필요한 암석과 필요한 망간각으로 분리해야한다. 이를 보통 선광이라 한다. 그다음에는 분리한 망간각으로부터 일련의 과정을 거쳐 금속을 추출하는데 이러한 공정을 제련이라 한다. 그러나 제련을 통해 추출한 금속 역시 다른 금속들을 소량 함유하고 있어 그 순도를 높일 필요가 있다. 이처럼 추출한 금속의 순도를 높이는 과정을 정련이라 한다.

채굴 이후 망간각으로부터 필요한 금속을 얻기 위해서

그림 31 우리나라가 개발한 망간단괴 금속 추출 장치(왼쪽)와 순수 금속 회수 장치(오른쪽)

는 선광, 제련, 정련의 과정을 거쳐야 한다. 이때 되도록 이면 분리 효율이 높고, 에너지를 덜 쓰며, 환경친화적인 기술을 찾아야 한다.

　망간각의 선광, 제·정련 처리법은 아직 개발되어 있지 않지만, 망간각에 들어 있는 유용한 광물과 그 광물이 망간각 안에 부존되어 있는 상태가 망간단괴와 매우 비슷하다. 따라서 이미 개발되어 있는 망간단괴의 제·정련 처리법을 이용할 수 있다. 망간단괴 제·정련 분야에서 우리나라의 연구개발 수준은 매우 앞선 상태이며, 일본, 중국과 더불어 기반 시설 및 장비에 대한 연구개발이 진행되었다 (그림 31).

망간각으로부터 얻을 수 있는 이익은?

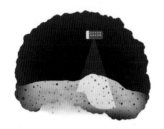

미래 자원으로서
망간각의 의미

　　　　　　망간각을 좀 더 싸게 채광하고 제련
할 수 있다면 우리에게는 어떤 이익이 있을까? 해저에 있
는 광물자원 중에는 란탄족 원소의 희토류 금속뿐 아니라
코발트, 니켈, 백금, 텔루륨, 셀레늄, 인듐과 같이 녹색
성장과 IT산업에 없어서는 안 될 다양한 주요 금속이 포
함되어 있다. 예전에는 망간각에서 금속자원을 추출하기
위해 주로 코발트, 니켈, 망간 등을 채광 대상으로 생각했
지만, 최근 들어서는 소량의 희토류 금속에 대해서도 주

목하고 있다.

망간각에 포함된 희토류는 육상의 고품질 광산에 비하면 금속 함량은 낮지만(평균 약 0.1%) 매우 넓은 면적에 분포하고 있어 코발트, 니켈 등 주요 금속을 채광하면서 희토류도 함께 추출한다면 경제성이 매우 높아질 것으로 생각되고 있다. 실제 현재 육상에서 개발 중인 희토류 광상 또는 희유금속(산출량이 매우 적은 금속) 광상도 거의 대부분이 주 채광 대상 금속은 따로 있고, 희토류와 희유금속은 부광종(副鑛種)이다. 망간각에는 이외에도 백금, 팔라듐이 다량 함유되어 있다.

우리나라는 공해상의 망간각 광구로부터 1000제곱킬로미터(서울시 면적의 약 두 배)의 망간각 분포지 선정을 목표로 하고 있다. 망간각에는 한 번의 채굴로 얻어낼 수 있는 금속자원이 많다. 이 또한 망간각 자원의 장점 중 하나이다.

망간각 자원은 주로 해저산에 분포하는데, 우리나라는 현재 망간각 탐사 광구 내 해저산에 대한 망간각 자원의 광석량(중요한 금속을 함유한 망간각 덩어리의 총량)을 파악하기 위해 탐사, 연구 중이다. 현재로서는 망간각 광석량을 산정하는 데 불확실한 요소가 매우 많지만, 몇 가지 가정을 통해 대략적으로 그 양을 가늠해볼 수 있다. 물론 이러한 추정은 가장 낙관적인 금속 함량과 일정 범위의 각 분포를 가정하여 추론한다.

관련된 국외 연구 결과(해저 광물자원 미이용 희소금속의 탐사와 개발, 2013)를 보면 인근 마셜 제도에 분포하는 해저산의 망간각 광석량은 해저산 크기에 따라 다르지만, 한 개 해저산에서 약 3400만 톤에서 2억 2000만 톤까지의 광석이 산출될 것으로 예상된다. 망간각에 있는 코발트와 니켈의 함량은 약 0.5퍼센트 정도, 한 개의 해저산 정도에 묻혀 있는 코발트와 니켈의 양은 각각 약 100만 톤에서 150만 톤에 이를 것으로 추정된다. 오늘날 전 세계 육상 코발트와 니켈 광상의 추정 매장량은 각각 700만 톤과 8900만 톤으로 예측되는데, 상당히 많은 양의 코발트와 니켈이 해저에 있는 망간각에 들어 있을 것으로 생각되고 있다.

우리가 예상하는 망간각의 희토류 함량을 약 0.1TREO 퍼센트로 가정하면, 3만 4000톤에서 22만 톤 정도의 총 산화희토류(Total Rare Earth Oxide)를 확보할 수 있다. 육상에서 11.2TREO퍼센트의 높은 희토류 함량을 보이는 호주의 마운트웰드(Mount Weld) 희토류 광산의 산화희토류 매장량은 19만 톤으로 알려져 있다. 곧 해저산 한 개의 상부에 분포하는 망간각 속 희토류 자원량이 육상의 최대 희토류 광상 매장량과 비슷한 것이다.

망간각에 든 희토류 자원은 육상 광상에 비해 저함량이지만, 광체(채굴 대상이 되는 광석의 집합체)의 규모가 커서 고함량 육상 광체 매장량에 견줄 만하다. 현재 보유하고 있는 망간각 탐사 광구에서 연간 400만 톤 정도의 망간각 광석을 거두어들이면 연간 4000톤 정도의 희토류를 확보할 수 있을 것으로 예상되는데, 이는 해마다 우리나라에 수입되는 희토류를 수십 년간 공급할 수 있는 양과 맞먹는다.

중국에는 "중동에 석유가 있다면 중국에는 희토류가 있다"는 말이 있다. 희토류를 포함한 희유금속 '자원전쟁'이 치열하게 펼쳐지는 지금, IT분야를 비롯한 첨단산업의 성장은 희토류와 희유금속 확보에 달려 있다고 해도 과언이 아니다. 아직 우리에게는 중국에 부존하는 것과 같은 거대 희토류 광산도 없고, 중동처럼 많은 양의 석유가 있는 것도 아니다. 그러나 바다에서는 기회가 있다. 우리나라가 지난 30년간 지속적으로 해저에서 광물자원 탐사를 계속했던 이유이다.

현재 우리는 선진국 수준의 해저 광물자원 개발기술을 갖추었지만, 바다에서 자원을 찾고 이를 경제적으로 개발하기 위해서는 가야 할 길이 멀다. 사람들이 아직 잘 모르는 유망한 시장을 '블루오션(blue ocean)'이라고 말한다. 망간각에 대한 탐사와 연구가 지속되어 우리도 스스로 희토류를 공급할 수 있는 날이 온다면, "바다"는 진정한 우리의 블루오션이 될 것이다!

부록

국제해저기구의
심해저 광구 탐사
계약 체결 현황

표 | 국제해저기구의 망간단괴 광구 탐사 계약 체결 현황

국가	등록기관	탐사 계약 체결	광구 위치
불가리아, 체코, 폴란드, 러시아, 슬로바키아, 쿠바	Interoceanmetal Joint Organization	2001.3.29	태평양 C-C지역
러시아	Yuzhmorgeologiya	2001.3.29	태평양 C-C지역
대한민국	해양수산부	2001.4.27	태평양 C-C지역
중국	대양광물자원협회 (COMRA)	2001.5.22	태평양 C-C지역
일본	Deep Ocean Resources Development Co. Ltd.	2001.6.20	태평양 C-C지역
프랑스	IFREMER	2001.6.20	태평양 C-C지역
인도	정부	2002.3.25	인도양
독일	Federal Institute for Geosciences and Natural Resources of Germany	2006.7.19	태평양 C-C지역
나우루	Nauru Ocean Resources Inc.	2011.7.22	태평양 C-C지역
통가	Tonga Offshore Mining Limited	2012.1.11	태평양 C-C지역
벨기에	Global Sea Mineral Resources NV	2013.1.14	태평양 C-C지역
영국	UK Seabed Resources Ltd.	2013.2.8	태평양 C-C지역
키리바시	Marawa Research and Exploration Ltd.	2015.1.19	태평양 C-C지역
싱가포르	Ocean Mineral Singapore Pte Ltd.	2015.1.22	태평양 C-C지역
영국	UK Seabed Resources Ltd.	2016.3.29	태평양 C-C지역
쿡아일랜드	Cook Islands Investment Corporation	2016.7.15	태평양 C-C지역
중국	China Minmetals Corporation	2017.5.12	태평양 C-C지역
중국	Beijing Pioneer Hi-Tech Development Corporation	2019.10.18	서태평양

표 11 국제해저기구의 해저열수광상 광구 탐사 계약 체결 현황

국가	등록기관	탐사 계약 체결	광구 위치
중국	대양광물자원협회 (COMRA)	2011.11.18	Southwest Indian Ridge
러시아	정부	2012.10.29	Mid-Atlantic Ridge
대한민국	해양수산부	2014.6.24	Central Indian Ridge
프랑스	IFREMER	2014.11.18	Mid-Atlantic Ridge
독일	Federal Institute for Geosciences and Natural Resources of Germany	2015.5.6	Central Indian Ocean
인도	정부	2016.9.26	Central Indian Ocean
폴란드	정부	2018.2.12	Mid-Atlantic Ridge

표 ⅲ 국제해저기구의 망간각 광구 탐사 계약 체결 현황

국가	등록기관	탐사 계약 체결	광구 위치
일본	석유,천연가스,금속광물자원기구 (JOGMEC)	2014.1.27	서태평양
중국	대양광물자원협회 (COMRA)	2014.4.29	서태평양
러시아	정부	2015.3.10	서태평양
브라질	광물자원공사	2015.11.9	남대서양 리오그란데 해령
대한민국	해양수산부	2018.3.27	서태평양